蔬菜园艺工

五级

中国劳动社会保障出版社

图书在版编目(CIP)数据

蔬菜园艺工：五级/上海市职业培训研究发展中心组织编写．—北京：中国劳动社会保障出版社，2010

1+X职业技能鉴定考核指导手册

ISBN 978-7-5045-8495-3

Ⅰ.①蔬… Ⅱ.①上… Ⅲ.①蔬菜园艺-职业技能鉴定-教材 Ⅳ.①S63

中国版本图书馆CIP数据核字(2010)第129422号

中国劳动社会保障出版社出版发行

（北京市惠新东街1号 邮政编码：100029）

出版人：张梦欣

*

世界知识印刷厂印刷装订 新华书店经销

787毫米×960毫米 16开本 5印张 81千字

2010年7月第1版 2010年7月第1次印刷

定价：9.00元

读者服务部电话：010-64929211/64921644/84643933

发行部电话：010-64961894

出版社网址：http://www.class.com.cn

前　言

职业资格证书制度的推行，对广大劳动者系统地学习相关职业的知识和技能，提高就业能力、工作能力和职业转换能力有着重要的作用和意义，也为企业合理用工以及劳动者自主择业提供了依据。

随着我国科技进步、产业结构调整以及市场经济的不断发展，特别是加入世界贸易组织以后，各种新兴职业不断涌现，传统职业的知识和技术也愈来愈多地融进当代新知识、新技术、新工艺的内容。为适应新形势的发展，优化劳动力素质，上海市人力资源和社会保障局在提升职业标准、完善技能鉴定方面做了积极的探索和尝试，推出了1＋X培训鉴定模式。1＋X中的1代表国家职业标准，X是为适应上海市经济发展的需要，对职业标准进行的提升，包括了对职业的部分知识和技能要求进行的扩充和更新。上海市1＋X的培训鉴定模式，得到了国家人力资源和社会保障部的肯定。

为配合上海市开展的1＋X培训与鉴定考核的需要，使广大职业培训鉴定领域专家以及参加职业培训鉴定的考生对考核内容和具体考核要求有一个全面的了解，人力资源和社会保障部教材办公室、中国就业培训技术指导中心上海分中心、上海市职业培训研究发展中心联合组织有关方面的专家、技术人员共同编写了《1＋X职业技能鉴定考核指导手册》。该手册由“理论知识复习题”“操作技能复习题”和“理论知识模拟试卷及操作技能模拟试卷”三大块内容组成，书中介绍了题库的命题依据、试卷结构和题型题量，同时从上海市1+X鉴定题库中抽取部分理论知识题、操作技能试题和模拟样卷供考生参考和练习，便于考生能够有针对性地进行考前复习准备。今后我们会随着国家职业标准以及鉴定题库的提升，逐步对手册内容进行补充和完善。

本系列手册在编写过程中，得到了有关专家和技术人员的大力支持，在此一并表示感谢。

由于时间仓促，缺乏经验，如有不足之处，恳请各使用单位和个人提出宝贵意见和建议。

1+X职业技能鉴定考核指导手册

编审委员会

目　录

CONTENTS　1+X 职业技能鉴定考核指导手册

蔬菜园艺工职业简介

一、职业名称

蔬菜园艺工。

二、职业定义

从事菜田耕整、土壤改良、棚室修造、繁种育苗、栽培管理、收获储藏、产后处理等生产活动的人员。

三、主要工作内容

从事的工作主要包括：(1) 对菜田土壤进行耕耙、修整和改良；(2) 建造、维修、管理温室、塑料棚及其他园艺设施；(3) 进行蔬菜的选种、引种及良种繁育；(4) 进行播种、育苗、定植、栽插、嫁接、施肥、浇水、除草、整枝、搭架、绑蔓、病虫害防治等田间管理；(5) 采收蔬菜产品；(6) 对采收的产品进行分级、清洗、整理、包装等初加工；(7) 蔬菜产品储存及蔬菜种子保管；(8) 保养、整修菜田物资及工具。

第1部分

蔬菜园艺工（五级）鉴定方案

一、鉴定方式

蔬菜园艺工（五级）的鉴定方式为操作技能考核。操作技能考核采用现场实际操作方式。考核实行百分制，成绩达60分及以上者为合格，成绩不合格者可按规定补考。

二、操作技能考核方案

考核项目表

职业（工种）名称		蔬菜园艺工		等级	五　级		
职业代码							
序号	项目名称	单元编号	单元内容	考核方式	选考方法	考核时间（min）	配分（分）
1	蔬菜栽培基础	1	常见15种蔬菜的识别	操作	抽一	25	40
		2	普通育苗床的制作	操作			
		3	设施栽培管理	操作			
2	瓜类蔬菜栽培技术	1	瓜类的识别及分类	操作	抽一	25	20
		2	黄瓜育苗技术	操作			
		3	黄瓜的设施栽培管理技术	操作			
		4	采后处理	操作			
3	茄果类蔬菜栽培技术	1	番茄的识别及分类	操作	抽一	25	20
		2	番茄育苗技术	操作			

续表

<table>
<tr><td colspan="2">职业（工种）名称</td><td colspan="2">蔬菜园艺工</td><td rowspan="2">等级</td><td colspan="4" rowspan="2">五　级</td></tr>
<tr><td colspan="2">职业代码</td><td colspan="2"></td></tr>
<tr><td>序号</td><td>项目名称</td><td>单元编号</td><td>单元内容</td><td>考核方式</td><td colspan="2">选考方法</td><td>考核时间（min）</td><td>配分（分）</td></tr>
<tr><td rowspan="2">3</td><td rowspan="2">茄果类蔬菜栽培技术</td><td>3</td><td>番茄设施栽培技术</td><td>操作</td><td colspan="2" rowspan="2"></td><td rowspan="2"></td><td rowspan="2"></td></tr>
<tr><td>4</td><td>采后处理</td><td>操作</td></tr>
<tr><td rowspan="4">4</td><td rowspan="4">甘蓝类蔬菜栽培技术</td><td>1</td><td>甘蓝识别及分类</td><td>操作</td><td rowspan="4">抽一</td><td rowspan="15">四选一</td><td rowspan="15">25</td><td rowspan="15">20</td></tr>
<tr><td>2</td><td>甘蓝育苗技术</td><td>操作</td></tr>
<tr><td>3</td><td>大田栽培管理技术</td><td>操作</td></tr>
<tr><td>4</td><td>采后处理</td><td>操作</td></tr>
<tr><td rowspan="4">5</td><td rowspan="4">白菜类蔬菜栽培技术</td><td>1</td><td>白菜识别及分类</td><td>操作</td><td rowspan="4">抽一</td></tr>
<tr><td>2</td><td>白菜播种技术</td><td>操作</td></tr>
<tr><td>3</td><td>大田栽培管理技术</td><td>操作</td></tr>
<tr><td>4</td><td>采后处理</td><td>操作</td></tr>
<tr><td rowspan="3">6</td><td rowspan="3">根菜类蔬菜栽培技术</td><td>1</td><td>根菜识别及分类</td><td>操作</td><td rowspan="3">抽一</td></tr>
<tr><td>2</td><td>萝卜播种技术</td><td>操作</td></tr>
<tr><td>3</td><td>大田栽培管理技术</td><td>操作</td></tr>
<tr><td rowspan="4">7</td><td rowspan="4">豆类蔬菜栽培技术</td><td>1</td><td>豆类识别及分类</td><td>操作</td><td rowspan="4">抽一</td></tr>
<tr><td>2</td><td>菜用大豆播种技术</td><td>操作</td></tr>
<tr><td>3</td><td>大田栽培管理技术</td><td>操作</td></tr>
<tr><td>4</td><td>产品质量检测</td><td>操作</td></tr>
<tr><td colspan="7">合　　计</td><td>100</td><td>100</td></tr>
<tr><td>备注</td><td colspan="8">4～7 为选考项目，鉴定申报时根据实际情况预先选定一项进行考核</td></tr>
</table>

第 2 部分

操作技能复习题

蔬菜栽培基础

一、常见 15 种蔬菜识别（试题代码[①]：1. 1. 1；考核时间：25 min）

1. 试题单

（1）操作条件

1）40 m^2 教室。

2）50 cm×50 cm×70 cm（长×宽×高）工作台。

3）识别用蔬菜新鲜植株或食用部分（彩色照片或幻灯片）。

① 试题代码表示该试题在操作技能考核方案表格中的所属位置。左起第一位表示项目号，第二位表示单元号，第三位表示在该项目、单元下的第几个试题。

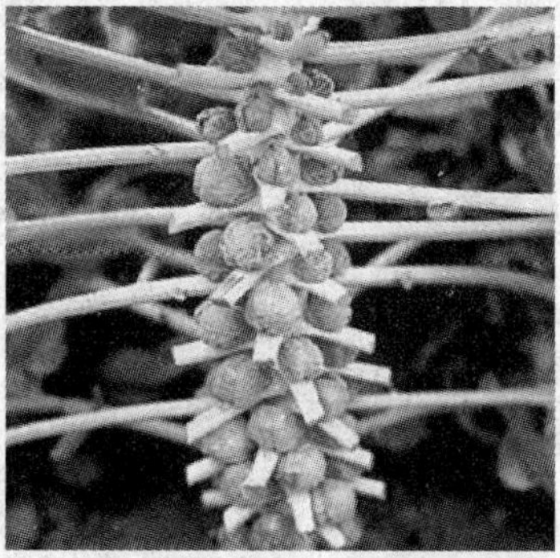

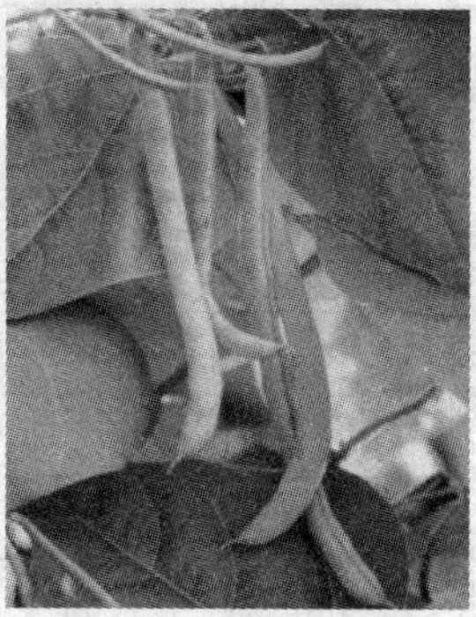

（2）操作内容

1）识别蔬菜种类。

2）写出蔬菜中文名称。

（3）操作要求

按照提供的蔬菜新鲜植株或食用部分（彩色照片或幻灯片）书面回答所提供的蔬菜样品的种类和中文名称。

2. 答题卷

常见 15 种蔬菜的识别

序号	蔬菜种类	蔬菜名称	序号	蔬菜种类	蔬菜名称
1			9		
2			10		
3			11		
4			12		
5			13		
6			14		
7			15		
8			得分		

要求：根据提供的实物、标本，按照顺序编号准确填写名称。

3. 评分表

试题代码及名称		1.1.1　常见 15 种蔬菜识别					考核时间		25 min		
评价要素		配分	等级	评分细则	评定等级					得分
					A	B	C	D	E	
1	识别 15 种蔬菜的种类	20	A	全部正确						
			B	12～14 种正确						
			C	9～11 种正确						
			D	6～8 种正确						
			E	差或未答题						

续表

试题代码及名称		1.1.1　常见 15 种蔬菜识别			考核时间	25 min				
评价要素		配分	等级	评分细则	评定等级					得分
					A	B	C	D	E	
2	写出各种蔬菜的中文名称	20	A	全部正确						
			B	12～14 种正确						
			C	9～11 种正确						
			D	6～8 种正确						
			E	差或未答题						
合计配分		40	合计得分							

等级	A（优）	B（良）	C（及格）	D（较差）	E（差或未答题）
比值	1.0	0.8	0.6	0.2	0

“评价要素”得分＝配分×等级比值。

二、电加温布线——搭秧（试题代码：1.2.2；考核时间：25 min）

1. 试题单

(1) 操作条件

1）标准管棚 1 个。

2）铁搭、铁铲、竹竿、尺、电工工具等。

3）电加温线 1 000 W 的 1 根。

(2) 操作内容

1）电加温线布线。

2）按照用 50～60 W/m^2 计算出电加温线布线间距。

3）制作搭秧用宽度 1 m、长度 2.5 m 布电加温线苗床。

(3) 操作要求

1）苗床要整平，电加温线间距应中间略稀、边上稍密。

2）线要拉紧实，做到不重叠、不交叉、不打结。

3）在电加温线上均匀撒上细泥进行固定。

2. 评分表

<table>
<tr><td colspan="2">试题代码及名称</td><td colspan="3">1.2.2　电加温布线——搭秧</td><td colspan="3">考核时间</td><td colspan="3">25 min</td></tr>
<tr><td colspan="2" rowspan="2">评价要素</td><td rowspan="2">配分</td><td rowspan="2">等级</td><td rowspan="2">评分细则</td><td colspan="5">评定等级</td><td rowspan="2">得分</td></tr>
<tr><td>A</td><td>B</td><td>C</td><td>D</td><td>E</td></tr>
<tr><td rowspan="5">1</td><td rowspan="5">苗床整理：苗床表面土细，土面平整并压实</td><td rowspan="5">15</td><td>A</td><td>全部正确</td><td rowspan="5"></td><td rowspan="5"></td><td rowspan="5"></td><td rowspan="5"></td><td rowspan="5"></td><td rowspan="5"></td></tr>
<tr><td>B</td><td>土面较平整，表面土块较细，有压实</td></tr>
<tr><td>C</td><td>土面基本平整，无压实</td></tr>
<tr><td>D</td><td>土面不平整，表土土块不均，无压实</td></tr>
<tr><td>E</td><td>差或未答题</td></tr>
<tr><td rowspan="5">2</td><td rowspan="5">布线：功率计算正确，布线时中间稍稀、边上稍密；布线拉紧实，做到不重叠、不交叉和不打结；撒细土固定</td><td rowspan="5">20</td><td>A</td><td>全部正确</td><td rowspan="5"></td><td rowspan="5"></td><td rowspan="5"></td><td rowspan="5"></td><td rowspan="5"></td><td rowspan="5"></td></tr>
<tr><td>B</td><td>较正确，间距相等</td></tr>
<tr><td>C</td><td>基本正确，线未完全拉紧，间距完全相等，未撒土固定</td></tr>
<tr><td>D</td><td>有重叠、交叉、打结现象</td></tr>
<tr><td>E</td><td>差或未答题</td></tr>
<tr><td rowspan="5">3</td><td rowspan="5">文明操作与安全：收线正确，场地整洁，工具整理归位</td><td rowspan="5">5</td><td>A</td><td>收线正确，场地整洁，工具整理到位</td><td rowspan="5"></td><td rowspan="5"></td><td rowspan="5"></td><td rowspan="5"></td><td rowspan="5"></td><td rowspan="5"></td></tr>
<tr><td>B</td><td>收线正确，场地较整洁，工具整理到位</td></tr>
<tr><td>C</td><td>收线较正确，场地基本整洁，工具整理未到位</td></tr>
<tr><td>D</td><td>收线不正确，场地较脏乱，工具未整理</td></tr>
<tr><td>E</td><td>差或未答题</td></tr>
<tr><td colspan="2">合计配分</td><td>40</td><td colspan="7">合　计　得　分</td><td></td></tr>
</table>

等级	A（优）	B（良）	C（及格）	D（较差）	E（差或未答题）
比值	1.0	0.8	0.6	0.2	0

“评价要素”得分＝配分×等级比值。

三、电加温布线——直播（试题代码：1.2.3；考核时间：25 min）

1. 试题单

（1）操作条件

1）标准管棚1个。

2）铁搭、铁铲、竹竿、尺、电工工具等。

3）电加温线1 000 W的1根。

（2）操作内容

1）电加温线布线。

2）按照直播用50～60 W/m^2 计算出电加温线布线间距。

3）制作直播用宽度1 m、长度2.5 m布电加温线苗床。

（3）操作要求

1）苗床要整平，电加温线间距应中间略稀、边上稍密。

2）线要拉紧实，做到不重叠、不交叉、不打结。

3）在电加温线上均匀撒上细泥进行固定。

2. 评分表

试题代码及名称		1.2.3　电加温布线——直播			考核时间		25 min			
评价要素		配分	等级	评分细则	评定等级					得分
					A	B	C	D	E	
1	苗床整理：苗床表面土细，土面平整并压实	15	A	全部正确						
			B	土面较平整，表面土块较细，有压实						
			C	土面基本平整，无压实						
			D	土面不平整，表面土块不均，无压实						
			E	差或未答题						
2	布线：功率计算正确，布线时中间稍稀、边上稍密；布线拉紧实，做到不重叠、不交叉和不打结；撒细土固定	20	A	全部正确						
			B	较正确，间距相等						
			C	基本正确，线未完全拉紧，间距完全相等，未撒土固定						
			D	有重叠、交叉、打结现象						
			E	差或未答题						
3	文明操作与安全：收线正确，场地整洁，工具整理归位	5	A	收线正确，场地整洁，工具整理到位						
			B	收线正确，场地较整洁，工具整理到位						
			C	收线较正确，场地基本整洁，工具整理未到位						

续表

试题代码及名称		1.2.3 电加温布线——直播			考核时间		25 min			
评价要素		配分	等级	评分细则	评定等级					得分
					A	B	C	D	E	
3	文明操作与安全：收线正确，场地整洁，工具整理归位		D	收线不正确，场地较脏乱，工具未整理						
			E	差或未答题						
合计配分		40	合计得分							

等级	A（优）	B（良）	C（及格）	D（较差）	E（差或未答题）
比值	1.0	0.8	0.6	0.2	0

“评价要素”得分＝配分×等级比值。

四、施肥技术——基肥（试题代码：1.3.1；考核时间：25 min）

1. 试题单

（1）操作条件

1）市售商品有机肥 10 kg。

2）铁搭、锄头、浇水桶，薄膜 40 m 长。

3）150 m^2 生产用地。

（2）操作内容

1）基肥撒施于畦面，翻地作畦。

2）基肥条施。

3）基肥穴施。

4）覆盖地膜。

（3）操作要求

1）基肥均匀撒施，翻地作畦，畦高 20 cm，畦要直，土粒细，畦面要平。

2）条施要掌握定植沟的深浅度，施肥厚薄均匀，盖土均匀。

3）穴施要掌握穴的深浅度、穴内施肥量及均匀度。

4）畦面覆盖地膜，地膜平整，四周压实。

2. 评分表

试题代码及名称		1.3.1　施肥技术——基肥			考核时间			25 min		
评价要素		配分	等级	评分细则	评定等级					得分
					A	B	C	D	E	
1	肥料撒施：在生产大田上均匀撒施有机肥	12	A	完全正确						
			B	厚薄均匀、面上撒施不均匀						
			C	厚薄不均匀、面上撒施均匀						
			D	厚薄不均匀、面上撒施不均匀						
			E	差或未答题						
2	肥料条施：掌握定植沟的深浅度，施肥厚薄均匀，盖土均匀	12	A	完全正确						
			B	定植沟深浅度正确，施肥厚薄均匀，盖土不均匀						
			C	定植沟深浅度不正确，施肥厚薄均匀，盖土均匀						
			D	定植沟深浅度不正确，施肥厚薄不均匀，盖土不均匀						
			E	差或未答题						
3	肥料穴施：掌握穴的深浅度、穴内施肥量及均匀度	8	A	穴深浅度正确，穴内施肥量均匀						
			B	穴深浅度正确，穴内施肥量不均匀						
			C	穴深浅度不正确，穴内施肥量均匀						
			D	穴深浅度不正确，穴内施肥量不均匀						
			E	差或未答题						
4	作畦覆地膜：畦面平整，地膜平贴畦面	8	A	完全正确						
			B	畦面平整、覆膜不平						
			C	畦面不平整、覆膜平						
			D	畦面不平整、覆膜不平						
			E	差或未答题						
合计配分		40	合　计　得　分							

等级	A（优）	B（良）	C（及格）	D（较差）	E（差或未答题）
比值	1.0	0.8	0.6	0.2	0

“评价要素”得分＝配分×等级比值。

五、施肥技术——追肥（试题代码：1.3.2；考核时间：25 min）

1. 试题单

（1）操作条件

1）市售商品叶面肥、氮磷钾复合肥 500 g。

2）水桶、竹竿、勺子、背包式喷雾器、容量杯。

3）180 m^2 瓜类（黄瓜、南瓜等）生产用地。

（2）操作内容

1）配制 2/1 000 的肥料稀释液 10 kg。

2）取肥料稀释液 5 kg，用背包式喷雾器均匀喷施瓜类（黄瓜、南瓜等）的叶面 10 m^2。

3）取肥料稀释液 5 kg，用勺子将液肥均匀地沿瓜类（黄瓜、南瓜等）根部周围浇根，连续灌根 10 棵。

（3）操作要求

1）稀释液配制准确。

2）喷施均匀。

3）灌根均匀。

4）药液不浪费。

2. 评分表

试题代码及名称		1.3.2　施肥技术——追肥			考核时间		25 min			
评价要素		配分	等级	评分细则	评定等级					得分
					A	B	C	D	E	
1	液肥配制：配制比例正确、不含固形物	12	A	完全正确						
			B	比例正确、含较少固形物						
			C	比例有误差、含较少固形物						
			D	比例不正确、含较少固形物						
			E	差或未答题						
2	叶面喷施：喷施叶面完全、均匀	12	A	完全正确						
			B	全部喷施、叶面喷施较均匀						
			C	叶片少量未喷、叶面喷施较均匀						

续表

试题代码及名称		1.3.2 施肥技术——追肥								考核时间 25 min
评价要素		配分	等级	评分细则	评定等级					得分
					A	B	C	D	E	
2	叶面喷施：喷施叶面完全、均匀		D	叶片少量未喷、叶面喷施不均匀						
			E	差或未答题						
3	灌根：用液量一致，沿根部四周浇灌	10	A	完全正确						
			B	用液量一致，未沿根部四周浇灌						
			C	用液量误差，沿根部四周浇灌						
			D	用液量误差大，沿根部四周浇灌						
			E	差或未答题						
4	文明操作：浇根时不流到地膜面上，药液不浪费	6	A	完全正确						
			B	浪费10%						
			C	浪费20%						
			D	浪费30%						
			E	差或未答题						
合计配分		40		合计得分						

等级	A（优）	B（良）	C（及格）	D（较差）	E（差或未答题）
比值	1.0	0.8	0.6	0.2	0

“评价要素”得分=配分×等级比值。

瓜类蔬菜栽培技术

一、黄瓜的识别（试题代码：2.1.1；考核时间：25 min）

1. 试题单

(1) 操作条件

1）实验桌。

2）华南型、华北型、荷兰型黄瓜实物或图片。

3）白纸、笔。

（2）操作内容

1）黄瓜类型识别。

2）华南型黄瓜特征描述。

（3）操作要求

1）准确识别黄瓜类型。

2）准确描述华南型黄瓜特征。

2. 评分表

试题代码及名称		2.1.1　黄瓜的识别			考核时间			25 min		
评价要素		配分	等级	评分细则	评定等级					得分
					A	B	C	D	E	
1	准确判断各种黄瓜类型	8	A	完全正确						
			B	2个正确						
			C	1个正确						
			D	—						
			E	差或未答题						
2	准确描述华南型黄瓜特征	12	A	完全正确						
			B	基本正确，有一点遗漏或错误						
			C	基本正确，有两点遗漏或错误						
			D	有较多遗漏或错误						
			E	差或未答题						
合计配分		20	合 计 得 分							

等级	A（优）	B（良）	C（及格）	D（较差）	E（差或未答题）
比值	1.0	0.8	0.6	0.2	0

“评价要素”得分＝配分×等级比值。

二、黄瓜夏季育苗技术（试题代码：2.2.1；考核时间：25 min）

1. 试题单

（1）操作条件

1）150 m^2 左右育苗操作场地。

2）72孔穴盘。

3）田园土、有机肥、珍珠岩若干。

4）降温保湿用遮阳网若干。

（2）操作内容

1）田园土、有机肥、珍珠岩按6∶3∶1的比例正确配置营养土。

2）把培养土装在穴盘内并压实，连续装盘3个。

3）把穴盘放置在苗床上并浇透水，以底孔渗水为准。

4）1穴播1颗种子，种子应平放。

5）播种后覆盖营养土1 cm左右。

6）覆遮阳网。

（3）操作要求

1）营养土配置正确。

2）穴盘装培养土须均匀，每1个穴孔都应装满，然后压实。

3）播种4 h前应浇透水，播种后再覆水。

4）覆遮阳网四周压实。

2. 评分表

试题代码及名称		2.2.1　黄瓜夏季育苗技术			考核时间		25 min			
评价要素		配分	等级	评分细则	评定等级					得分
					A	B	C	D	E	
1	装穴盘：穴孔装土均匀并压实	6	A	完全正确						
			B	穴孔装土均匀、无压实						

续表

试题代码及名称		2.2.1　黄瓜夏季育苗技术		考核时间	25 min				
评价要素		配分	等级	评分细则	评定等级				得分
					A	B	C	D	E	
1	装穴盘：穴孔装土均匀并压实		C	穴孔装土不均匀、压实						
			D	穴孔装土不均匀、无压实						
			E	差或未答题						
2	水分：浇水渗透程度与覆水	6	A	完全正确						
			B	播种前浇透水，播种后没覆水						
			C	播种前没浇透水，播种后覆水						
			D	播种前没浇透水，播种后没覆水						
			E	差或未答题						
3	播种：种子平放并轻压、盖籽泥厚度正确、覆遮阳网	6	A	完全正确						
			B	种子平放轻压、盖籽泥较薄或较厚、覆遮阳网						
			C	种子平放不轻压、盖籽泥较薄或较厚、覆遮阳网						
			D	种子直放不轻压、盖籽泥较好、没覆遮阳网						
			E	差或未答题						
4	文明操作，场地整洁	2	A	场地整洁						
			B	场地较整洁						
			C	场地基本整洁						
			D	较脏乱						
			E	差或未答题						
合计配分		20	合　计　得　分							

等级	A（优）	B（良）	C（及格）	D（较差）	E（差或未答题）
比值	1.0	0.8	0.6	0.2	0

“评价要素”得分＝配分×等级比值。

三、立架式栽培的植株整理——整枝，打老叶、病叶（试题代码：2.3.2；考核时间：25 min）

1. 试题单

（1）操作条件

1）标准管棚。

2）做生长架的铁丝、剪刀、麻绳。

3）生长期的黄瓜植株 200 株。

（2）操作内容及要求

1）制作黄瓜吊蔓式的生长支架。

2）在生长架上系上绳子并垂直向下，下端在黄瓜根茎部系扣。

3）把植株沿着绳子顺时针向上绕蔓，每 3～4 片叶绑蔓一次，注意不弄伤叶片，不折断叶柄、新梢。

4）打老叶、病叶。

5）连续整理植株 10 株。

（3）操作要求

1）连生长架一端的绳子系紧，不能脱落。

2）及时绕蔓。

3）注意不能折断新梢、叶片。

4）打老叶、病叶，并带出大棚深埋。

2. 评分表

试题代码及名称		2.3.2　立架式栽培的植株整理——整枝，打老叶、病叶			考核时间		25 min			
评价要素		配分	等级	评分细则	评定等级					得分
					A	B	C	D	E	
1	制作生长支架并系好绳子：铁丝拉至水平并牢固，绳子在根部系活扣并拉紧	6	A	完全正确						
			B	操作基本正确						
			C	操作不到位，有较大误差						
			D	—						
			E	差或未答题						

续表

试题代码及名称		2.3.2 立架式栽培的植株整理——整枝，打老叶、病叶			考核时间					25 min
评价要素		配分	等级	评分细则	评定等级					得分
					A	B	C	D	E	
2	绕蔓引蔓、绑蔓：顺势针向上绕蔓，每3～4片叶绑蔓一次	8	A	完全正确						
			B	绑蔓稀或密，其他正确						
			C	绑蔓稀或密，其他操作基本到位						
			D	—						
			E	差或未答题						
3	打老叶、病叶及处理：老叶、病叶能带出大棚并深埋处理	6	A	完全正确						
			B	叶带出大棚，但不深埋						
			C	叶留在棚内						
			D	—						
			E	差或未答题						
合计配分		20		合　计　得　分						

等级	A（优）	B（良）	C（及格）	D（较差）	E（差或未答题）
比值	1.0	0.8	0.6	0.2	0

“评价要素”得分＝配分×等级比值。

四、黄瓜主要病害的识别与防治——白粉病（试题代码：2.3.3；考核时间：25 min）

1. 试题单

（1）操作条件

1）40 m^2 左右的教室或 100 m^2 左右操作的场地。

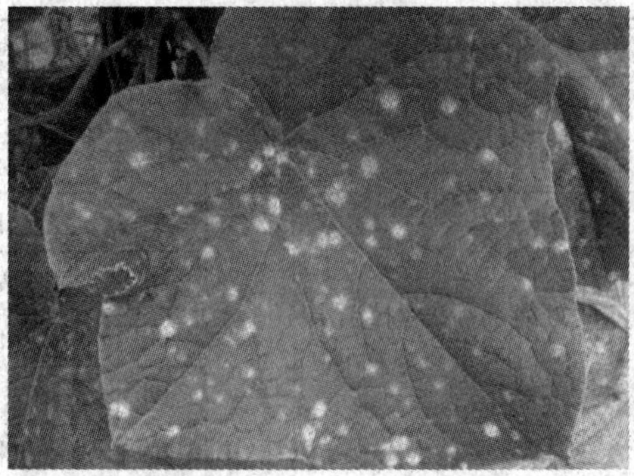

2）识别病害的实物、照片或幻灯片（需放映幻灯片的设备）等。

3）放置实物或标本的操作台若干。

（2）操作内容

1）识别黄瓜白粉病病叶实物或照片。

2）描述黄瓜白粉病主要特征。

3）选择2种农药并计算配制量。

（3）操作要求

1）根据病叶描述病状。

2）农药的选择。

3）用药量计算。

2. 评分表

<table>
<tr><td colspan="2">试题代码及名称</td><td colspan="3">2.3.3　黄瓜主要病害的识别与防治——白粉病</td><td colspan="3">考核时间</td><td colspan="3">25 min</td></tr>
<tr><td colspan="2" rowspan="2">评价要素</td><td rowspan="2">配分</td><td rowspan="2">等级</td><td rowspan="2">评分细则</td><td colspan="5">评定等级</td><td rowspan="2">得分</td></tr>
<tr><td>A</td><td>B</td><td>C</td><td>D</td><td>E</td></tr>
<tr><td rowspan="5">1</td><td rowspan="5">病叶识别：正确识别瓜类病害——白粉病</td><td rowspan="5">6</td><td>A</td><td>完全正确</td><td rowspan="5"></td><td rowspan="5"></td><td rowspan="5"></td><td rowspan="5"></td><td rowspan="5"></td><td rowspan="5"></td></tr>
<tr><td>B</td><td>基本正确</td></tr>
<tr><td>C</td><td>错误较多</td></tr>
<tr><td>D</td><td>错误很多</td></tr>
<tr><td>E</td><td>差或未答题</td></tr>
<tr><td rowspan="5">2</td><td rowspan="5">症状描述：全面、准确描述症状</td><td rowspan="5">8</td><td>A</td><td>完全正确</td><td rowspan="5"></td><td rowspan="5"></td><td rowspan="5"></td><td rowspan="5"></td><td rowspan="5"></td><td rowspan="5"></td></tr>
<tr><td>B</td><td>有1点遗漏</td></tr>
<tr><td>C</td><td>能基本描述出症状，但遗漏点较多</td></tr>
<tr><td>D</td><td>仅能描述出1～2点症状</td></tr>
<tr><td>E</td><td>差或未答题</td></tr>
<tr><td rowspan="5">3</td><td rowspan="5">农药选择：正确选择广谱性、单一性的农药2种，回答使用倍数</td><td rowspan="5">6</td><td>A</td><td>完全正确</td><td rowspan="5"></td><td rowspan="5"></td><td rowspan="5"></td><td rowspan="5"></td><td rowspan="5"></td><td rowspan="5"></td></tr>
<tr><td>B</td><td>农药选择正确，使用倍数基本正确</td></tr>
<tr><td>C</td><td>农药选择基本正确，使用倍数有误</td></tr>
<tr><td>D</td><td>仅回答出一种农药，使用倍数有误</td></tr>
<tr><td>E</td><td>差或未答题</td></tr>
<tr><td colspan="2">合计配分</td><td>20</td><td colspan="7">合　计　得　分</td><td></td></tr>
</table>

等级	A（优）	B（良）	C（及格）	D（较差）	E（差或未答题）
比值	1.0	0.8	0.6	0.2	0

“评价要素”得分＝配分×等级比值。

五、主要害虫的识别与防治——烟粉虱（试题代码：2.3.4；考核时间：25 min）

1. 试题单

（1）操作条件

1）40 m^2 左右的教室或 100 m^2 左右的操作场地。

2）识别病害的实物、照片或幻灯片（需放映幻灯片的设备）等。

3）放置实物或标本的操作台若干。

（2）操作内容

1）识别黄瓜害虫烟粉虱的实物或照片。

2）描述害虫的危害状。

3）选择 2 种农药并计算配制量。

（3）操作要求

1）根据害虫描述危害状。

2）农药的选择。

3）用药量计算。

2. 评分表

试题代码及名称		2.3.4 主要害虫的识别与防治——烟粉虱			考核时间			25 min		
评价要素		配分	等级	评分细则	评定等级					得分
					A	B	C	D	E	
1	害虫识别：正确识别瓜类害虫——烟粉虱	6	A	完全正确						
			B	稍有错误						
			C	错误较大						
			D	错误很大						
			E	差或未答题						
2	危害状描述：全面、准确地描述	6	A	完全正确						
			B	有 1 点遗漏						
			C	能基本描述出危害状，但遗漏点较多						
			D	仅能描述出 1～2 点危害状						
			E	差或未答题						

续表

试题代码及名称		2.3.4　主要害虫的识别与防治——烟粉虱			考核时间		25 min			
评价要素		配分	等级	评分细则	评定等级					得分
					A	B	C	D	E	
3	农药选择：正确选择广谱性、单一性的农药 2 种，回答使用倍数	8	A	全部正确						
			B	农药选择正确，使用倍数基本正确						
			C	农药选择正确，使用倍数错误						
			D	仅回答出一种农药，使用倍数错误						
			E	差或未答题						
合计配分		20	合　计　得　分							

等级	A（优）	B（良）	C（及格）	D（较差）	E（差或未答题）
比值	1.0	0.8	0.6	0.2	0

“评价要素”得分＝配分×等级比值。

六、黄瓜的包装技术（试题代码：2.4.1；考核时间：25 min）

1. 试题单

（1）操作条件

1）收获期黄瓜。

2）包装盒。

3）包装机、包装膜、刀、标签、塑料筐。

（2）操作内容

1）整理、挑选黄瓜。

2）包装黄瓜，连续包装 5 盒。

3）称重。

4）贴签包装。

（3）操作要求

1）应挑选 2～3 条大小均匀的黄瓜放入包装盒内。

2）保鲜膜四周应拉直并严封于底。

3）掌握电子秤的用法（会用置零、单价按钮）。

4）按单价、重量、金额格式书写标签，并粘贴于右上角。

2. 评分表

试题代码及名称		2.4.1 黄瓜的包装技术			考核时间			25 min		
评价要素		配分	等级	评分细则	评定等级					得分
					A	B	C	D	E	
1	整理、挑选：去泥土、杂质，挑选 2～3 条大小均匀的黄瓜放入包装盒内	5	A	完全正确						
			B	未去泥土、杂质，黄瓜选择均匀						
			C	未去泥土、杂质，黄瓜选择不均匀						
			D	—						
			E	差或未答题						
2	包装：包装熟练，保鲜膜四周应拉直并严封于底部	6	A	完全正确						
			B	包装不熟练、但保鲜膜四周能拉直并严封于底部						
			C	包装不熟练、保鲜膜四周能拉直，但底部封不紧						
			D	包装不熟练、保鲜膜四周未拉直，底部封不紧						
			E	差或未答题						
3	称重：掌握电子秤的用法（会用置零、单价按钮）	5	A	正确掌握						
			B	不太正确						
			C	—						
			D	不正确						
			E	未答题						
4	贴签：按单价、重量、金额格式书写标签，并粘贴于右上角	4	A	完全正确						
			B	不太正确						
			C	书写混乱						
			D	不正确						
			E	未答题						
合计配分		20	合计得分							

等级	A（优）	B（良）	C（及格）	D（较差）	E（差或未答题）
比值	1.0	0.8	0.6	0.2	0

“评价要素”得分＝配分×等级比值。

茄果类蔬菜栽培技术

一、番茄类型识别（试题代码：3.1.1；考核时间：25 min）

1. 试题单

（1）操作条件

1）40 m^2 教室。

2）50 cm×50 cm×70 cm（长×宽×高）工作台。

3）各种形状的番茄果实：圆形、椭圆形、洋梨形。

4）各种类型的番茄：大果型、中果型、小果型、串番茄、樱桃番茄。

5）白纸、铅笔。

（2）操作内容

1）番茄类型分类。

2）果实形状分类。

（3）操作要求

1）番茄类型分类正确（大果型、中果型、小果型、串番茄、樱桃番茄）。

2）果实形状分类正确（圆形、椭圆形、洋梨形）。

2. 评分表

试题代码及名称		3.1.1　番茄类型识别			考核时间		25 min			
评价要素		配分	等级	评分细则	评定等级					得分
					A	B	C	D	E	
1	番茄类型：正确判断出大番茄、中番茄、小番茄、串番茄、樱桃番茄五种类型	10	A	完全正确						
			B	4种正确						
			C	3种正确						
			D	2种正确						
			E	差或未答题						
2	果实形状：正确判断出番茄圆形、椭圆形、洋梨形三种形状	10	A	完全正确						
			B	2种正确						

续表

试题代码及名称		3.1.1　番茄类型识别			考核时间	25 min				
评价要素		配分	等级	评分细则	评定等级					得分
					A	B	C	D	E	
2	果实形状：正确判断出番茄圆形、椭圆形、洋梨形三种形状		C	1种正确						
			D	—						
			E	差或未答题						
合计配分		20	合　计　得　分							

等级	A（优）	B（良）	C（及格）	D（较差）	E（差或未答题）
比值	1.0	0.8	0.6	0.2	0

“评价要素”得分＝配分×等级比值。

二、番茄育苗——营养钵育苗（试题代码：3.2.2；考核时间：25 min）

1. 试题单

（1）操作条件

1）100 m^2 左右的育苗操作场地。

2）育苗用 7 cm 营养钵。

3）土、有机肥、疏松物若干。

4）保湿用地膜。

（2）操作内容

1）6∶3∶1 配制的培养土，把培养土装在营养钵内，连续装钵 20 个。

2）在装好培养土的育苗钵内浇透水。

3）放置在苗床内。

4）播种：1 穴播 1 颗种子。

5）播后覆盖营养土 1 cm 左右。

（3）操作要求

1）育苗钵内装培养土须均匀、八分满。

2）播种 4 h 前应浇透水，以底孔出水为标准，播种后再覆水。

3）种子平放、轻压、盖籽泥厚薄均匀。

2. 评分表

试题代码及名称		3.2.2　番茄育苗——营养钵育苗			考核时间			25 min		
评价要素		配分	等级	评分细则	评定等级					得分
					A	B	C	D	E	
1	培养土的配置：按6∶3∶1比例配置培养土	4	A	正确						
			B	错误一项						
			C	错误二项						
			D	错误三项						
			E	差或未答题						
2	装钵：钵装土均匀并压实	6	A	完全正确						
			B	钵内装土均匀、无压实						
			C	钵内装土较均匀、压实						
			D	钵内装土不均匀、压实						
			E	差或未答题						
3	水分：浇水渗透程度与覆水	5	A	完全正确						
			B	播种4 h前浇透水，播种后无覆水						
			C	播种4 h前未浇透水，播种后再覆水						
			D	播种4 h内浇水						
			E	差或未答题						
4	播种及放钵：种子轻压、盖籽泥厚度正确、钵搭花放置	5	A	完全正确						
			B	种子轻压、盖籽泥较薄或较厚、钵搭花放置						
			C	种子不轻压、盖籽泥较薄或较厚、钵搭花放置						
			D	种子不轻压、盖籽泥较好、钵不搭花放置						
			E	差或未答题						
合计配分		20	合计得分							

等级	A（优）	B（良）	C（及格）	D（较差）	E（差或未答题）
比值	1.0	0.8	0.6	0.2	0

“评价要素”得分＝配分×等级比值。

三、番茄育苗——穴盘育苗（试题代码：3.2.3；考核时间：25 min）

1. 试题单

（1）操作条件

1）150 m^2 左右的育苗操作场地。

2）育苗用 50 孔穴盘 30 个。

3）商品有机肥、田园土（草炭土）、疏松剂蛭石（珍珠岩）。

4）番茄种子。

（2）操作内容

1）按 6∶3∶1 比例配制营养土。

2）把培养土装在穴盘内，穴内营养土应装满，连续装 5 个穴盘。

3）把育苗用穴盘放置在苗床内。

4）在装好培养土的穴盘中浇透水。

5）播种：1 穴播 1 颗种子。

6）播后覆盖营养土 1 cm 左右。

（3）操作要求

1）穴盘装培养土须均匀，每 1 个穴孔都应装满，然后压实。

2）播种 4 h 前应浇透水，播种后再覆水。

3）种子轻压。

2. 评分表

试题代码及名称		3.2.3　番茄育苗——穴盘育苗			考核时间		25 min			
评价要素		配分	等级	评分细则	评定等级					得分
					A	B	C	D	E	
1	培养土的配置：按 6∶3∶1 比例配置培养土	4	A	正确						
			B	错误一项						
			C	错误二项						
			D	错误三项						
			E	差或未答题						

续表

试题代码及名称		3.2.3　番茄育苗——穴盘育苗			考核时间		25 min			
评价要素		配分	等级	评分细则	评定等级					得分
					A	B	C	D	E	
2	装穴盘：穴孔装土均匀并压实	6	A	完全正确						
			B	穴孔装土均匀、无压实						
			C	穴孔装土较均匀、压实						
			D	穴孔装土不均匀、压实						
			E	差或未答题						
3	水分：浇水渗透程度与覆水	5	A	完全正确						
			B	播种 4 h 前浇透水，播种后没覆水						
			C	播种 4 h 前未浇透水，播种后覆水						
			D	播种 4 h 内浇水						
			E	差或未答题						
4	播种：种子平放并轻压、盖籽泥厚度正确、覆遮阳网	5	A	完全正确						
			B	种子平放轻压、盖籽泥较薄或较厚、覆遮阳网						
			C	种子平放不轻压、盖籽泥较薄或较厚、覆遮阳网						
			D	种子直放不轻压、盖籽泥较好、没覆遮阳网						
			E	差或未答题						
合计配分		20	合　计　得　分							

等级	A（优）	B（良）	C（及格）	D（较差）	E（差或未答题）
比值	1.0	0.8	0.6	0.2	0

“评价要素”得分＝配分×等级比值。

四、生长调节剂配制（试题代码：3.3.1；考核时间：25 min）

1. 试题单

（1）操作条件

1）市售番茄灵（10%有效成分）。

2）水、剪刀、杯子、搅拌棒、大口容器、红色广告粉、量杯。

3）开花期的番茄植株 100 株。

（2）操作内容

在指导下进行操作：

1）配制原液。

2）按 30×10^{-6} 配制稀释液 1 kg。

3）加入红色广告粉，放入大口容器中。

4）花穗浸入容器中，浸没即可，连续操作 5 株。

（3）操作要求

1）配制原液、稀释液准确。

2）花穗都要浸到药剂中。

3）剩余药液的处理。

2. 评分表

试题代码及名称		3.3.1 生长调节剂配制			考核时间		25 min			
评价要素		配分	等级	评分细则	评定等级					得分
					A	B	C	D	E	
1	配制原液：原液配制准确	5	A	完全准确						
			B	误差 0%～10%						
			C	误差 10%～20%						
			D	误差 20%以上						
			E	未答题						
2	配制稀释液：稀释液配制准确	5	A	完全准确						
			B	误差 0%～10%						
			C	误差 10%～20%						
			D	误差 20%以上						
			E	未答题						
3	药剂使用：花穗浸入药剂的操作正确	5	A	操作正确						
			B	花穗 1/5 未浸入						

续表

试题代码及名称		3.3.1　生长调节剂配制			考核时间		25 min			
评价要素		配分	等级	评分细则	评定等级					得分
					A	B	C	D	E	
3	药剂使用：花穗浸入药剂的操作正确		C	花穗 2/5 未浸入						
			D	花穗 3/5 未浸入						
			E	差或未答题						
4	剩余药液的处理：描述药剂放置规范	5	A	完全正确						
			B	倒入小口容器，放在田间，使用 1 周以内						
			C	倒入小口容器，放在田间，使用时间超过 1 周						
			D	倒入小口容器，长期使用						
			E	差或未答题						
合计配分		20	合 计 得 分							

等级	A（优）	B（良）	C（及格）	D（较差）	E（差或未答题）
比值	1.0	0.8	0.6	0.2	0

“评价要素”得分＝配分×等级比值。

五、番茄包装技术（试题代码：3.4.1；考核时间：25 min）

1. 试题单

（1）操作条件

1）收获期番茄。

2）塑料包装盒。

3）包装机、包装膜、刀、标签、塑料筐。

（2）操作内容

1）整理挑选。

2）称量和包装。

3）贴标签。

4）按要求连续包装 5 盒。

（3）操作要求

1）挑选大小均匀一致的番茄。

2）称量正确，包装光洁。

3）按单价、重量、金额格式书写标签，并粘贴于指定的位置。

2. 评分表

试题代码及名称		3.4.1　番茄包装技术			考核时间			25 min		
评价要素		配分	等级	评分细则	评定等级					得分
					A	B	C	D	E	
1	整理和挑选	5	A	挑选番茄的大小应均匀						
			B	挑选番茄的大小不太均匀						
			C	—						
			D	—						
			E	差或未答题						
2	包装：包装熟练，保鲜膜四周应拉直并严封于底部	5	A	完全正确						
			B	包装不熟练，但保鲜膜四周能拉直并严封于底部						
			C	包装不熟练，保鲜膜四周能拉直，但底部封不紧						
			D	包装不熟练，保鲜膜四周未拉直，底部封不紧						
			E	差或未答题						
3	称重：掌握电子秤的用法（会用置零、单价按钮）	5	A	正确掌握						
			B	不太正确						
			C	—						
			D	基本不正确						
			E	差或未答题						
4	贴签：按单价、重量、金额格式书写标签，并粘贴于右上角	5	A	完全正确						
			B	不太正确						
			C	书写混乱						
			D	基本不正确						
			E	差或未答题						
合计配分		20	合 计 得 分							

等级	A（优）	B（良）	C（及格）	D（较差）	E（差或未答题）
比值	1.0	0.8	0.6	0.2	0

“评价要素”得分＝配分×等级比值。

甘蓝类蔬菜栽培技术

一、甘蓝类型识别（试题代码：4.1.1；考核时间：25 min）

1. 试题单

（1）操作条件

1）40 m^2 教室。

2）50 cm×50 cm×70 cm（长×宽×高）工作台。

3）平头、圆头、尖头类型的甘蓝实物或照片。

4）铅笔、白纸。

（2）操作内容

写出甘蓝类型，描述不同类型甘蓝的作型。

（3）操作要求

1）判断正确。

2）书写正确。

2. 答题卷

甘蓝类型的识别

序号	类　型	作　型
1		
2		
3		

要求：根据提供的实物或照片，按顺序编号准确填写名称。

3. 评分表

<table>
<tr><td colspan="2">试题代码及名称</td><td colspan="3">4.1.1　甘蓝类型识别</td><td colspan="3">考核时间</td><td colspan="3">25 min</td></tr>
<tr><td colspan="2" rowspan="2">评价要素</td><td rowspan="2">配分</td><td rowspan="2">等级</td><td rowspan="2">评分细则</td><td colspan="5">评定等级</td><td rowspan="2">得分</td></tr>
<tr><td>A</td><td>B</td><td>C</td><td>D</td><td>E</td></tr>
<tr><td rowspan="5">1</td><td rowspan="5">正确识别甘蓝类型</td><td rowspan="5">10</td><td>A</td><td>完全正确</td><td rowspan="5"></td><td rowspan="5"></td><td rowspan="5"></td><td rowspan="5"></td><td rowspan="5"></td><td rowspan="5"></td></tr>
<tr><td>B</td><td>二个正确</td></tr>
<tr><td>C</td><td>一个正确</td></tr>
<tr><td>D</td><td>—</td></tr>
<tr><td>E</td><td>差或未答题</td></tr>
<tr><td rowspan="5">2</td><td rowspan="5">甘蓝作型描述正确</td><td rowspan="5">10</td><td>A</td><td>完全正确</td><td rowspan="5"></td><td rowspan="5"></td><td rowspan="5"></td><td rowspan="5"></td><td rowspan="5"></td><td rowspan="5"></td></tr>
<tr><td>B</td><td>二个正确</td></tr>
<tr><td>C</td><td>一个正确</td></tr>
<tr><td>D</td><td>—</td></tr>
<tr><td>E</td><td>差或未答题</td></tr>
<tr><td colspan="2">合计配分</td><td>20</td><td colspan="7">合　计　得　分</td><td></td></tr>
</table>

等级	A（优）	B（良）	C（及格）	D（较差）	E（差或未答题）
比值	1.0	0.8	0.6	0.2	0

“评价要素”得分＝配分×等级比值。

二、甘蓝囤苗技术（试题代码：4.2.2；考核时间：25 min）

1. 试题单

（1）操作条件

1）20 m^2 已播种甘蓝品种的苗床。

2）浇水桶、种植刀、塑料筐、尺、绳子、竹竿。

3）备用的苗床 2 m×2.5 m（宽×长）。

（2）操作内容

1）在具有 2～3 片真叶的幼苗的苗床上，浇水后用刀划成土块。

2）摆成 6 cm 左右的苗距，摆 10 m^2（2 m×5 m），囤苗 30 株。

3）加强苗期管理。

（3）操作要求

1）掌握苗龄。

2）掌握苗距。

3）苗期管理。

2. 评分表

试题代码及名称		4.2.2　甘蓝囤苗技术			考核时间		25 min			
评价要素		配分	等级	评分细则	评定等级					得分
					A	B	C	D	E	
1	囤苗苗龄要求：掌握囤苗苗龄——2 叶 1 心	8	A	完全正确						
			B	稍有差距						
			C	—						
			D	差距较大						
			E	差或未答题						
2	囤苗：浇透水，切土块，要求不散砣；按 6 cm 间距摆放 40 株	8	A	完全正确						
			B	少部分散砣，摆放距离正确						
			C	部分散砣，摆放距离较正确						
			D	大部分散砣，摆放距离有差距						
			E	差或未答题						
3	囤苗管理：描述出囤苗期间管理要求	4	A	完全正确						
			B	有 1 点遗漏						
			C	有 2～3 点遗漏						
			D	遗漏较多，但能回答正确 1 点以上						
			E	差或未答题						
合计配分		20	合　计　得　分							

等级	A（优）	B（良）	C（及格）	D（较差）	E（差或未答题）
比值	1.0	0.8	0.6	0.2	0

“评价要素”得分＝配分×等级比值。

三、作畦与定植（试题代码：4.3.1；考核时间：25 min）

1. 试题单

（1）操作条件

1）4 m×25 m（宽×长）的土地。

2）铁搭、锄头、铁铲、绳子、竹竿、尺、种植刀、塑料筐。

3）甘蓝苗。

（2）操作内容

1）用绳子把田块纵向分成 2 m×5 m 的带沟。

2）作成 20 cm 高的畦。

3）拉绳成直线，按株距 30 cm、行距 40 cm 定植，定植 25 株。

4）在定植苗穴内浇足搭根水。

（3）操作要求

1）作畦要直、畦面土要细、畦面要平。

2）定植穴深度在 10 cm 左右，纵向定植穴成直线。

3）定植后苗周围要放细土并压实，浇水后不能有空隙。

2. 评分表

试题代码及名称		4.3.1　作畦与定植			考核时间		25 min			
评价要素		配分	等级	评分细则	评定等级					得分
					A	B	C	D	E	
1	作畦要直、畦面土要细、畦面要平	5	A	完全正确						
			B	畦面不平						
			C	畦面土块不细、畦面不平						
			D	畦高、畦面均未达到要求						
			E	差或未答题						

续表

试题代码及名称		4.3.1　作畦与定植		考核时间	25 min				
评价要素	配分	等级	评分细则	评定等级					得分
				A	B	C	D	E	
2　定植后苗周围要放细土并压实，浇水后不能有空隙	6	A	完全正确						
		B	定植苗周围细土未压实，浇水后有0%～10%的苗有空隙						
		C	定植苗周围细土未压实，浇水后有10%～20%的苗有空隙						
		D	定植苗周围细土未压实，浇水后有20%以上的苗有空隙						
		E	差或未答题						
3　作畦5 m，定植25株甘蓝苗	6	A	全部完成						
		B	完成80%						
		C	完成60%						
		D	完成20%～60%						
		E	未答题						
4　直度：定植穴深度10 cm、纵向定植穴成直线	3	A	完全正确						
		B	定植穴深度10 cm、纵向定植穴不成直线						
		C	定植穴深度大于或小于10 cm、纵向定植穴成直线						
		D	定植穴深度大于或小于10 cm、纵向定植穴不成直线						
		E	差或未答题						
合计配分	20		合计得分						

等级	A（优）	B（良）	C（及格）	D（较差）	E（差或未答题）
比值	1.0	0.8	0.6	0.2	0

“评价要素”得分＝配分×等级比值。

四、甘蓝主要害虫识别与防治——小菜蛾（试题代码：4.3.2；考核时间：25 min）

1. 试题单

（1）操作条件

1）生长盛期有小菜蛾危害的甘蓝。

2）杀虫剂两种。

（2）操作内容

1）识别甘蓝害虫——小菜蛾。

2）常用防治药剂选择。

（3）操作要求

1）实地观察后指出小菜蛾危害状。

2）根据所回答的害虫名称选择药剂防治（1～2 种药剂）。

2. 评分表

试题代码及名称		4.3.2　甘蓝主要害虫识别与防治——小菜蛾			考核时间		25 min			
评价要素		配分	等级	评分细则	评定等级					得分
					A	B	C	D	E	
1	害虫识别、危害状描述：名称正确、危害状描述正确	10	A	完全正确						
			B	名称正确、描述危害状不正确						
			C	名称不正确、描述危害状正确						
			D	—						
			E	差或未答题						
2	杀虫剂：选择两种药剂及使用倍数	10	A	全部正确						
			B	农药选择正确，使用倍数基本正确						
			C	农药选择正确，使用倍数错误						
			D	仅回答出一种农药，使用倍数错误						
			E	差或未答题						
合计配分		20	合　计　得　分							

等级	A（优）	B（良）	C（及格）	D（较差）	E（差或未答题）
比值	1.0	0.8	0.6	0.2	0

“评价要素”得分＝配分×等级比值。

五、甘蓝主要害虫识别与防治——甜菜夜蛾（试题代码：4.3.3；考核时间：25 min）

1. 试题单

（1）操作条件

1）甜菜夜蛾实物或照片。

2）杀虫剂两种。

（2）操作内容

1）识别甘蓝害虫——甜菜夜蛾，并描述危害状。

2）常用防治药剂选择和稀释倍数正确。

（3）操作要求

1）识别害虫、描述危害状。

2）根据所回答的害虫名称选择药剂并回答稀释倍数。

2. 评分表

试题代码及名称		4.3.3 甘蓝主要害虫识别与防治——甜菜夜蛾			考核时间			25 min		
评价要素		配分	等级	评分细则	评定等级					得分
					A	B	C	D	E	
1	害虫识别、危害状描述：名称正确、危害状描述正确	10	A	完全正确						
			B	名称正确、描述危害状不正确						
			C	名称不正确、描述危害状正确						
			D	—						
			E	差或未答题						
2	杀虫剂：选择两种药剂及使用倍数	10	A	全部正确						
			B	农药选择正确，使用倍数基本正确						
			C	农药选择正确，使用倍数错误						
			D	仅回答出一种农药，使用倍数错误						
			E	差或未答题						
合计配分		20		合 计 得 分						

等级	A（优）	B（良）	C（及格）	D（较差）	E（差或未答题）
比值	1.0	0.8	0.6	0.2	0

“评价要素”得分＝配分×等级比值。

六、净菜包装（试题代码：4.4.1；考核时间：25 min）

1. 试题单

（1）操作条件

1）大田收获期甘蓝蔬菜 40 棵。

2）刀、电子秤、包装机、包装膜、标签、塑料筐。

（2）操作内容

1）净菜整理。

2）包装称重。

3）贴标签。

（3）操作要求

1）包装整齐。

2）标签书写正确。

2. 评分表

<table>
<tr><td colspan="2">试题代码及名称</td><td colspan="3">4.4.1　净菜包装</td><td colspan="3">考核时间</td><td colspan="3">25 min</td></tr>
<tr><td colspan="2" rowspan="2">评价要素</td><td rowspan="2">配分</td><td rowspan="2">等级</td><td rowspan="2">评分细则</td><td colspan="5">评定等级</td><td rowspan="2">得分</td></tr>
<tr><td>A</td><td>B</td><td>C</td><td>D</td><td>E</td></tr>
<tr><td rowspan="5">1</td><td rowspan="5">整理、初加工：切齐基部，去老叶、黄叶</td><td rowspan="5">6</td><td>A</td><td>完全符合要求</td><td rowspan="5"></td><td rowspan="5"></td><td rowspan="5"></td><td rowspan="5"></td><td rowspan="5"></td><td rowspan="5"></td></tr>
<tr><td>B</td><td>—</td></tr>
<tr><td>C</td><td>能简单整理，但离要求有一定的距离</td></tr>
<tr><td>D</td><td>—</td></tr>
<tr><td>E</td><td>差或未答题</td></tr>
<tr><td rowspan="5">2</td><td rowspan="5">包装：熟练，保鲜膜四周应拉直并严封于底部</td><td rowspan="5">6</td><td>A</td><td>完全正确</td><td rowspan="5"></td><td rowspan="5"></td><td rowspan="5"></td><td rowspan="5"></td><td rowspan="5"></td><td rowspan="5"></td></tr>
<tr><td>B</td><td>包装不熟练、但保鲜膜四周能拉直并严封于底部</td></tr>
<tr><td>C</td><td>包装不熟练、保鲜膜四周能拉直，但底部封不紧</td></tr>
<tr><td>D</td><td>包装不熟练、保鲜膜四周未拉直，底部封不紧</td></tr>
<tr><td>E</td><td>差或未答题</td></tr>
</table>

续表

<table>
<tr><td colspan="2">试题代码及名称</td><td colspan="3">4.4.1　净菜包装</td><td colspan="3">考核时间</td><td colspan="3">25 min</td></tr>
<tr><td colspan="2" rowspan="2">评价要素</td><td rowspan="2">配分</td><td rowspan="2">等级</td><td rowspan="2">评分细则</td><td colspan="5">评定等级</td><td rowspan="2">得分</td></tr>
<tr><td>A</td><td>B</td><td>C</td><td>D</td><td>E</td></tr>
<tr><td rowspan="5">3</td><td rowspan="5">称重：掌握电子秤的用法（会用置零、单价按钮）</td><td rowspan="5">5</td><td>A</td><td>正确掌握</td><td rowspan="5"></td><td rowspan="5"></td><td rowspan="5"></td><td rowspan="5"></td><td rowspan="5"></td><td rowspan="5"></td></tr>
<tr><td>B</td><td>不太正确</td></tr>
<tr><td>C</td><td>—</td></tr>
<tr><td>D</td><td>基本不正确</td></tr>
<tr><td>E</td><td>未答题</td></tr>
<tr><td rowspan="5">4</td><td rowspan="5">贴签：按单价、重量、金额格式书写标签，并粘贴于右上角</td><td rowspan="5">3</td><td>A</td><td>完全正确</td><td rowspan="5"></td><td rowspan="5"></td><td rowspan="5"></td><td rowspan="5"></td><td rowspan="5"></td><td rowspan="5"></td></tr>
<tr><td>B</td><td>不太正确</td></tr>
<tr><td>C</td><td>书写混乱</td></tr>
<tr><td>D</td><td>基本不正确</td></tr>
<tr><td>E</td><td>未答题</td></tr>
<tr><td colspan="2">合计配分</td><td>20</td><td colspan="7">合　计　得　分</td><td></td></tr>
</table>

等级	A（优）	B（良）	C（及格）	D（较差）	E（差或未答题）
比值	1.0	0.8	0.6	0.2	0

“评价要素”得分＝配分×等级比值。

白菜类蔬菜栽培技术

一、白菜种类识别（试题代码：5.1.1；考核时间：25 min）

1. 试题单

（1）操作条件

1）40 m² 教室。

2）50 cm×50 cm×70 cm（长×宽×高）工作台。

3）秋冬白菜类型实物、照片或幻灯片。

4）白纸、铅笔。

（2）操作内容

1）秋冬白菜类型：矮萁、长萁。

2）秋冬白菜生育期。

（3）操作要求

1）类型识别正确。

2）秋冬白菜生育期描述正确。

2. 答题卷

白菜种类的识别

序号	类　型	生　育　期
1		
2		

3. 评分表

试题代码及名称		5.1.1　白菜种类识别			考核时间		25 min			
评价要素		配分	等级	评分细则	评定等级					得分
					A	B	C	D	E	
1	正确判断类型	10	A	完全正确						
			B	稍有错误						
			C	一个正确						
			D	—						
			E	差或未答题						

续表

<table>
<tr><td colspan="2">试题代码及名称</td><td colspan="3">5.1.1　白菜种类识别</td><td colspan="3">考核时间</td><td colspan="3">25 min</td></tr>
<tr><td colspan="2" rowspan="2">评价要素</td><td rowspan="2">配分</td><td rowspan="2">等级</td><td rowspan="2">评分细则</td><td colspan="5">评定等级</td><td rowspan="2">得分</td></tr>
<tr><td>A</td><td>B</td><td>C</td><td>D</td><td>E</td></tr>
<tr><td rowspan="5">2</td><td rowspan="5">正确回答秋冬白菜的生育期</td><td rowspan="5">10</td><td>A</td><td>完全正确</td><td rowspan="5"></td><td rowspan="5"></td><td rowspan="5"></td><td rowspan="5"></td><td rowspan="5"></td><td rowspan="5"></td></tr>
<tr><td>B</td><td>基本正确</td></tr>
<tr><td>C</td><td>有误差</td></tr>
<tr><td>D</td><td>差距较大</td></tr>
<tr><td>E</td><td>未答题</td></tr>
<tr><td colspan="2">合计配分</td><td>20</td><td colspan="7">合　计　得　分</td><td></td></tr>
</table>

等级	A（优）	B（良）	C（及格）	D（较差）	E（差或未答题）
比值	1.0	0.8	0.6	0.2	0

"评价要素"得分＝配分×等级比值。

二、白菜播种和间苗（试题代码：5.2.1；考核时间：25 min）

1. 试题单

（1）操作条件

1）小白菜种子。

2）2～4 叶期苗床 40 m^2。

3）铁搭、锄头、铁铲、浇水桶、尺、绳子、竹竿、塑料盆。

4）80 m^2 生产用田。

（2）操作内容

1）大田作畦带沟 1.5 m×5 m（宽×长）。

2）种子撒播、间苗。

（3）操作要求

1）种子撒播密度均匀。

2）间苗株行距正确。

2. 评分表

试题代码及名称		5.2.1　白菜播种和间苗			考核时间		25 min			
评价要素		配分	等级	评分细则	评定等级					得分
					A	B	C	D	E	
1	撒播：撒种手势平稳、种子撒播畦面均匀	10	A	完全符合要求						
			B	畦面种子较均匀						
			C	畦面种子欠均匀						
			D	—						
			E	差或未答题						
2	间苗：株行距正确	10	A	完全符合要求						
			B	基本正确						
			C	株行距有一定误差						
			D	株行距误差大						
			E	差或未答题						
合计配分		20	合　计　得　分							

等级	A（优）	B（良）	C（及格）	D（较差）	E（差或未答题）
比值	1.0	0.8	0.6	0.2	0

“评价要素”得分＝配分×等级比值。

三、大田作畦与施肥技术（试题代码：5.3.1；考核时间：25 min）

1. 试题单

(1) 操作条件

1）4 m×25 m（宽×长）的土地。

2）铁搭、锄头、铁铲、有机肥、尺、绳子、竹竿。

(2) 操作内容

1）把田块纵向分成带沟 2 m×5 m（宽×长）。

2）基肥撒施均匀、混合后作成 20 cm 高的畦。

3）按株距 10 cm、行距 15 cm 定植，定植 30 株。

4）在定植苗穴内浇足搭根水。

（3）操作要求

1）作畦要直，畦面土要细，畦面要平。

2）定植穴深度在 10 cm 左右。

3）定植后苗周围要放细土并压实，浇水后不能有空隙。

2. 评分表

试题代码及名称		5.3.1　大田作畦与施肥技术			考核时间		25 min			
评价要素		配分	等级	评分细则	评定等级					得分
					A	B	C	D	E	
1	施肥：在生产大田上均匀地撒施有机肥	6	A	完全正确						
			B	有机肥厚薄均匀、面上撒施不均匀						
			C	有机肥厚薄不均匀、面上撒施均匀						
			D	有机肥厚薄不均匀、面上撒施不均匀						
			E	差或未答题						
2	作畦：作畦要直，畦面土要细，畦面要平	6	A	完全正确						
			B	畦面较平，畦高基本符合要求						
			C	畦面土块不细，畦面不平，畦高基本符合要求						
			D	畦面、畦高误差较大						
			E	差或未答题						
3	定植浇水：定植后苗周围要放细土并压实，浇水后不能有空隙	8	A	完全正确						
			B	定植苗周围细土未压实，浇水后 0%～10%的苗有空隙						
			C	定植苗周围细土未压实，浇水后 10%～20%的苗有空隙						
			D	定植苗周围细土未压实，浇水后 20%以上的苗有空隙						
			E	差或未答题						
合计配分		20	合计得分							

等级	A（优）	B（良）	C（及格）	D（较差）	E（差或未答题）
比值	1.0	0.8	0.6	0.2	0

“评价要素”得分＝配分×等级比值。

四、农药喷施及安全技术（试题代码：5.3.2；考核时间：25 min）

1. 试题单

（1）操作条件

1）50 m^2 左右的田间场地，栽有小白菜植物。

2）背包式喷雾器、量杯、农药、清水、搅拌棒、容量杯、天平等实物。

3）放置实物的操作台。

（2）操作内容

1）按农药 1 500 倍液配制 5 kg 药液。

2）用天平或量杯称量正确的农药数量。

3）配制后正确均匀地喷施在植株上，喷施 40 株。

（3）操作要求

1）计算、称量要正确，采用二次稀释法。

2）顺风喷施，加压足够，动作姿势娴熟。

3）叶面、叶背喷施均匀，以不滴水为度。

2. 评分表

试题代码及名称		5.3.2　农药喷施及安全技术			考核时间		25 min			
评价要素		配分	等级	评分细则	评定等级					得分
					A	B	C	D	E	
1	药液配制：正确配制 1 500 倍药液、混合均匀，要求采用二次稀释法	6	A	稀释倍数正确，采用二次稀释法						
			B	稀释倍数正确，采用一次稀释法						
			C	稀释倍数不正确，采用二次稀释法						
			D	稀释倍数不正确，采用一次稀释法						
			E	差或未答题						
2	喷雾方法：顺风喷施，加压足够，动作姿势娴熟	6	A	完全正确						
			B	顺风，压力尚可，动作欠熟悉						

续表

试题代码及名称		5.3.2　农药喷施及安全技术			考核时间		25 min			
评价要素		配分	等级	评分细则	评定等级					得分
					A	B	C	D	E	
2	喷雾方法：顺风喷施，加压足够，动作姿势娴熟		C	顺风，压力不足，动作欠熟悉						
			D	逆风，压力不足，动作生疏						
			E	差或未答题						
3	喷雾效果：叶面及叶背的直观效果	4	A	叶面、叶背喷施均匀，以不滴水为度						
			B	叶面、叶背喷施不太均匀						
			C	只喷叶面或叶背，均匀度尚可						
			D	只喷叶面或叶背，均匀度不够						
			E	差或未答题						
4	安全操作：药液处理，器具清洗	4	A	操作正确						
			B	操作较正确						
			C	操作有误差						
			D	—						
			E	差或未答题						
合计配分		20	合　计　得　分							

等级	A（优）	B（良）	C（及格）	D（较差）	E（差或未答题）
比值	1.0	0.8	0.6	0.2	0

“评价要素”得分＝配分×等级比值。

五、白菜主要病害识别与防治——软腐病（试题代码：5.3.3；考核时间：25 min）

1. 试题单

（1）操作条件

1）标准管棚 1 个。

2）白菜软腐病危害状的照片。

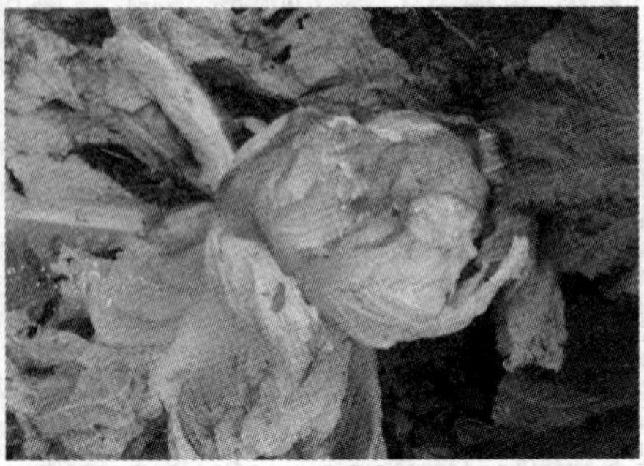

3）杀菌剂 3～4 种。

（2）操作内容

1）识别白菜病害的软腐病并描述病状。

2）常用防治药剂选择和稀释倍数。

（3）操作要求

1）病害识别正确，症状描述正确。

2）根据所回答的病害名称选择药剂防治并回答药剂的稀释倍数。

2. 评分表

<table>
<tr><td colspan="2">试题代码及名称</td><td colspan="3">5.3.3　白菜主要病害识别与防治——软腐病</td><td colspan="3">考核时间</td><td colspan="3">25 min</td></tr>
<tr><td colspan="2" rowspan="2">评价要素</td><td rowspan="2">配分</td><td rowspan="2">等级</td><td rowspan="2">评分细则</td><td colspan="5">评定等级</td><td rowspan="2">得分</td></tr>
<tr><td>A</td><td>B</td><td>C</td><td>D</td><td>E</td></tr>
<tr><td rowspan="5">1</td><td rowspan="5">病害识别：名称正确、描述症状正确</td><td rowspan="5">10</td><td>A</td><td>完全正确</td><td rowspan="5"></td><td rowspan="5"></td><td rowspan="5"></td><td rowspan="5"></td><td rowspan="5"></td><td rowspan="5"></td></tr>
<tr><td>B</td><td>名称正确、描述危害状不正确</td></tr>
<tr><td>C</td><td>名称不正确、描述危害状正确</td></tr>
<tr><td>D</td><td>—</td></tr>
<tr><td>E</td><td>差或未答题</td></tr>
<tr><td rowspan="5">2</td><td rowspan="5">杀菌剂选择：选 2 种药剂并说出使用倍数</td><td rowspan="5">10</td><td>A</td><td>全部正确</td><td rowspan="5"></td><td rowspan="5"></td><td rowspan="5"></td><td rowspan="5"></td><td rowspan="5"></td><td rowspan="5"></td></tr>
<tr><td>B</td><td>农药选择正确，使用倍数基本正确</td></tr>
<tr><td>C</td><td>农药选择正确，使用倍数错误</td></tr>
<tr><td>D</td><td>仅回答出一种农药，使用倍数错误</td></tr>
<tr><td>E</td><td>差或未答题</td></tr>
<tr><td colspan="2">合计配分</td><td>20</td><td colspan="7">合　计　得　分</td><td></td></tr>
</table>

等级	A（优）	B（良）	C（及格）	D（较差）	E（差或未答题）
比值	1.0	0.8	0.6	0.2	0

“评价要素”得分＝配分×等级比值。

六、净菜包装（试题代码：5.4.1；考核时间：25 min）

1. 试题单

（1）操作条件

1）大田收获期青菜 20 kg。

2）15 cm×20 cm 的蔬菜包装袋。

3）刀、电子秤、标签、塑料筐。

（2）操作内容

1）青菜采收。

2）净菜整理。

3）称量 200 g 入包装盒，连续装 3 盒。

4）包装。

（3）操作要求

1）质量标准。

2）包装整齐、标签书写正确。

2. 评分表

试题代码及名称		5.4.1　净菜包装			考核时间		25 min			
评价要素		配分	等级	评分细则	评定等级					得分
					A	B	C	D	E	
1	整理、初加工：切齐基部，去老叶和黄叶	6	A	完全符合要求						
			B	—						
			C	能简单整理，但离要求有一定的距离						
			D	—						
			E	差或未答题						
2	称重：掌握电子秤的用法（会用置零、单价按钮）	6	A	完全正确						
			B	不太正确						

续表

试题代码及名称				5.4.1　净菜包装	考核时间		25 min			
评价要素		配分	等级	评分细则	评定等级					得分
					A	B	C	D	E	
2	称重：掌握电子秤的用法（会用置零、单价按钮）		C	—						
			D	基本不正确						
			E	未答题						
3	包装：熟练，保鲜膜四周应拉直并严封于底部	5	A	完全正确						
			B	包装不熟练，但保鲜膜四周能拉直并严封于底部						
			C	包装不熟练，保鲜膜四周能拉直，但底部封不紧						
			D	与实际要求相差太远						
			E	差或未答题						
4	贴签：按单价、重量、金额格式书写标签，并粘贴于右上角	3	A	完全正确						
			B	不太正确						
			C	书写混乱						
			D	基本不正确						
			E	未答题						
合计配分		20		合　计　得　分						

等级	A（优）	B（良）	C（及格）	D（较差）	E（差或未答题）
比值	1.0	0.8	0.6	0.2	0

“评价要素”得分＝配分×等级比值。

根菜类蔬菜栽培技术

一、根菜类蔬菜的识别（试题代码：6. 1. 1；考核时间：25 min）

1. 试题单

（1）操作条件

1）40 m^2 教室。

2）50 cm×50 cm×70 cm（长×宽×高）工作台。

3）萝卜、四季萝卜的实物、照片或幻灯片。

4）白纸、铅笔。

（2）操作内容

1）两种萝卜类型的识别。

2）记录品种生育期。

（3）操作要求

1）品种名称正确。

2）播种期、收获期正确。

2. 答题卷

根菜类蔬菜的识别

序号	类型	品种	播种期	收获期
1				
2				

3. 评分表

试题代码及名称		6.1.1　根菜类蔬菜的识别			考核时间			25 min		
评价要素		配分	等级	评分细则	评定等级					得分
					A	B	C	D	E	
1	类型名称识别正确	5	A	完全正确						
			B	稍有错误						
			C	1种正确						
			D	—						
			E	差或未答题						
2	指出季节性品种，播种期正确	10	A	完全正确						
			B	播种期不正确、季节性品种有误差						
			C	播种期正确、季节性品种不正确						
			D	播种期、季节性品种有误差						
			E	差或未答题						
3	收获期正确	5	A	完全正确						
			B	稍有错误						
			C	错误较大						
			D	错误很大						
			E	未答题						
合计配分		20	合　计　得　分							

等级	A（优）	B（良）	C（及格）	D（较差）	E（差或未答题）
比值	1.0	0.8	0.6	0.2	0

“评价要素”得分＝配分×等级比值。

二、种子直播方法与间苗（试题代码：6.2.1；考核时间：25 min）

1. 试题单

（1）操作条件

1）2 m×2.5 m（宽×长）的土地。

2）铁搭、锄头、铁铲、浇水桶、尺、绳子。

3）长萝卜种子。

4）生长期2～4片叶萝卜苗5 m^2。

（2）操作内容

1）作畦2 m×2.5 m（宽×长）。

2）种子点播：穴深2～3 cm、每穴2～3粒种、覆土2 cm。

3）间苗。

（3）操作要求

1）密度均匀。

2）间苗准确。

2. 评分表

<table>
<tr><td colspan="2">试题代码及名称</td><td colspan="3">6.2.1 种子直播方法与间苗</td><td colspan="3">考核时间</td><td colspan="3">25 min</td></tr>
<tr><td colspan="2" rowspan="2">评价要素</td><td rowspan="2">配分</td><td rowspan="2">等级</td><td rowspan="2">评分细则</td><td colspan="5">评定等级</td><td rowspan="2">得分</td></tr>
<tr><td>A</td><td>B</td><td>C</td><td>D</td><td>E</td></tr>
<tr><td rowspan="5">1</td><td rowspan="5">畦面平整、畦面土细</td><td rowspan="5">8</td><td>A</td><td>完全正确</td><td rowspan="5"></td><td rowspan="5"></td><td rowspan="5"></td><td rowspan="5"></td><td rowspan="5"></td><td rowspan="5"></td></tr>
<tr><td>B</td><td>畦面平整，表面土粒较大</td></tr>
<tr><td>C</td><td>畦面不平整，表面土粒较大</td></tr>
<tr><td>D</td><td>畦面凹凸不平</td></tr>
<tr><td>E</td><td>差或未答题</td></tr>
<tr><td rowspan="5">2</td><td rowspan="5">穴深2～3 cm、每穴2～3粒种、覆土2 cm</td><td rowspan="5">8</td><td>A</td><td>完全正确</td><td rowspan="5"></td><td rowspan="5"></td><td rowspan="5"></td><td rowspan="5"></td><td rowspan="5"></td><td rowspan="5"></td></tr>
<tr><td>B</td><td>穴深基本正常、盖土较浅</td></tr>
<tr><td>C</td><td>操作基本到位，但有一定的误差</td></tr>
<tr><td>D</td><td>穴太深或太浅，播种数量不正确，盖土太厚或太薄</td></tr>
<tr><td>E</td><td>差或未答题</td></tr>
<tr><td rowspan="5">3</td><td rowspan="5">间苗后苗的大小一致、密度均匀</td><td rowspan="5">4</td><td>A</td><td>苗龄一致、密度均匀</td><td rowspan="5"></td><td rowspan="5"></td><td rowspan="5"></td><td rowspan="5"></td><td rowspan="5"></td><td rowspan="5"></td></tr>
<tr><td>B</td><td>苗龄一致、密度较均匀</td></tr>
<tr><td>C</td><td>苗龄一致、密度不均匀</td></tr>
<tr><td>D</td><td>苗龄不一致、密度不均匀</td></tr>
<tr><td>E</td><td>差或未答题</td></tr>
<tr><td colspan="2">合计配分</td><td>20</td><td colspan="7">合 计 得 分</td><td></td></tr>
</table>

等级	A（优）	B（良）	C（及格）	D（较差）	E（差或未答题）
比值	1.0	0.8	0.6	0.2	0

“评价要素”得分＝配分×等级比值。

三、施肥、作畦与播种（试题代码：6.3.1；考核时间：25 min）

1. 试题单

（1）操作条件

1）4 m×2.5 m（宽×长）的土地。

2）铁搭、锄头、铁铲、浇水桶、尺、绳子、有机肥。

（2）操作内容

1）把田块纵向分成带沟 2 m 宽等分。

2）基肥撒施均匀、混合后作成 20 cm 高的畦。

3）点播。

（3）操作要求

1）作畦要直，畦面土要细，畦面要平。

2）肥料撒施均匀。

3）点播前 4 h 浇水，行株距 40 cm×30 cm、穴深度 10 cm。

2. 评分表

试题代码及名称		6.3.1 施肥、作畦与播种			考核时间		25 min			
评价要素		配分	等级	评分细则	评定等级					得分
					A	B	C	D	E	
1	均匀撒施有机肥，翻耕 20 cm 以上	6	A	完全正确						
			B	撒施均匀，翻耕深度基本达到						
			C	撒施基本均匀，翻耕深度稍浅						
			D	撒施不均匀，翻耕深度浅						
			E	差或未答题						
2	畦高 20 cm，畦面平整，表面土粒较细，地膜覆盖平整	6	A	完全正确						
			B	畦高基本达到，畦面、地膜覆盖均较平整，表面土粒较大						

续表

<table>
<tr><td colspan="2">试题代码及名称</td><td colspan="3">6.3.1 施肥、作畦与播种</td><td colspan="3">考核时间</td><td colspan="3">25 min</td></tr>
<tr><td colspan="2" rowspan="2">评价要素</td><td rowspan="2">配分</td><td rowspan="2">等级</td><td rowspan="2">评分细则</td><td colspan="5">评定等级</td><td rowspan="2">得分</td></tr>
<tr><td>A</td><td>B</td><td>C</td><td>D</td><td>E</td></tr>
<tr><td rowspan="3">2</td><td rowspan="3">畦高 20 cm，畦面平整，表面土粒较细，地膜覆盖平整</td><td rowspan="3"></td><td>C</td><td>畦高差距较大，畦面不平，表面土粒较大，地膜覆盖平整</td><td rowspan="3"></td><td rowspan="3"></td><td rowspan="3"></td><td rowspan="3"></td><td rowspan="3"></td><td rowspan="3"></td></tr>
<tr><td>D</td><td>畦面凹凸不平</td></tr>
<tr><td>E</td><td>差或未答题</td></tr>
<tr><td rowspan="5">3</td><td rowspan="5">点播前 4 h 浇水</td><td rowspan="5">6</td><td>A</td><td>完全正确</td><td rowspan="5"></td><td rowspan="5"></td><td rowspan="5"></td><td rowspan="5"></td><td rowspan="5"></td><td rowspan="5"></td></tr>
<tr><td>B</td><td>点播前浇水，点播后再浇水</td></tr>
<tr><td>C</td><td>浇水后马上点播</td></tr>
<tr><td>D</td><td>—</td></tr>
<tr><td>E</td><td>差或未答题</td></tr>
<tr><td rowspan="5">4</td><td rowspan="5">行株距 40 cm×30 cm，穴深度10 cm</td><td rowspan="5">2</td><td>A</td><td>正确</td><td rowspan="5"></td><td rowspan="5"></td><td rowspan="5"></td><td rowspan="5"></td><td rowspan="5"></td><td rowspan="5"></td></tr>
<tr><td>B</td><td>行株距 40 cm×30 cm，穴深度大于或小于 10 cm</td></tr>
<tr><td>C</td><td>行株距有误差</td></tr>
<tr><td>D</td><td>—</td></tr>
<tr><td>E</td><td>差或未答题</td></tr>
<tr><td colspan="2">合计配分</td><td>20</td><td colspan="7">合 计 得 分</td><td></td></tr>
</table>

等级	A（优）	B（良）	C（及格）	D（较差）	E（差或未答题）
比值	1.0	0.8	0.6	0.2	0

“评价要素”得分＝配分×等级比值。

四、主要害虫的识别与防治——蚜虫（试题代码：6.3.2；考核时间：25 min）

1. 试题单

（1）操作条件

1）标准管棚 1 个。

2）萝卜蚜虫及危害状实物或照片。

3）杀虫剂两种。

（2）操作内容

1）识别萝卜害虫——蚜虫，描述危害状。

2）常用防治药剂选择。

（3）操作要求

1）蚜虫识别正确，危害状描述正确。

2）根据所回答的害虫名称选择药剂防治（1～2种药剂），并回答稀释倍数。

2. 评分表

试题代码及名称		6.3.2 主要害虫的识别与防治——蚜虫			考核时间			25 min		
评价要素		配分	等级	评分细则	评定等级					得分
					A	B	C	D	E	
1	害虫识别、危害状描述：名称正确、危害状描述正确	10	A	完全正确						
			B	名称正确、描述危害状不正确						
			C	名称不正确、描述危害状正确						
			D	有很大错误						
			E	未答题						
2	杀虫剂：药剂名称2种及使用倍数	10	A	全部正确						
			B	农药选择正确，使用倍数基本正确						
			C	农药选择正确，使用倍数错误						
			D	仅回答出一种农药，使用倍数错误						
			E	差或未答题						
合计配分		20	合 计 得 分							

等级	A（优）	B（良）	C（及格）	D（较差）	E（差或未答题）
比值	1.0	0.8	0.6	0.2	0

“评价要素”得分＝配分×等级比值。

豆类蔬菜栽培技术

一、豆科蔬菜种类识别（试题代码：7.1.1；考核时间：25 min）

1. 试题单

（1）操作条件

1）40 m^2 教室。

2）50 cm×50 cm×70 cm（长×宽×高）工作台。

3）荷兰豆与甜豌豆的豆科蔬菜实物、照片或幻灯片。

4）白纸、铅笔。

（2）操作内容

1）区分类型。

2）区分各类型生育期。

（3）操作要求

1）区分类型正确。

2）各类型生育期描述正确。

2. 答题卷

豆科蔬菜种类识别

序号	类　型	生　育　期
1		
2		

3. 评分表

试题代码及名称		7.1.1 豆科蔬菜种类识别		考核时间	25 min				
评价要素		配分	等级	评分细则	评定等级				得分
					A	B	C	D	E
1	类型区分、识别正确	10	A	完全正确					
			B	稍有错误					
			C	一个正确					
			D	—					
			E	差或未答题					
2	指出季节性品种、播种期正确	5	A	完全正确					
			B	播种期正确、季节性品种有误差					
			C	播种期正确、季节性品种不正确					
			D	播种期、季节性品种有误差					
			E	差或未答题					
3	收获期描述正确	5	A	正确					
			B	稍有误差					
			C	有一定的误差					
			D	有较大的误差					
			E	未答题					
合计配分		20	合 计 得 分						

等级	A（优）	B（良）	C（及格）	D（较差）	E（差或未答题）
比值	1.0	0.8	0.6	0.2	0

“评价要素”得分＝配分×等级比值。

二、菜用大豆播种技术（试题代码：7.2.1；考核时间：25 min）

1. 试题单

（1）操作条件

1）标准管棚1个。

2）2 m×2.5 m（宽×长）的土地。

3）铁搭、锄头、浇水桶、种植刀、大豆种子、地膜。

（2）操作内容

1）苗床制作。

2）播种30穴。

3）浇水，覆盖地膜。

（3）操作要求

1）苗床表面土细、苗床表面平整。

2）按照行距30 cm、株距25 cm进行开穴播种，每穴播种2～3粒后盖土，连播30穴。

3）覆膜平整、四周压实。

2. 评分表

试题代码及名称		7.2.1　菜用大豆播种技术			考核时间		25 min			
评价要素		配分	等级	评分细则	评定等级					得分
					A	B	C	D	E	
1	苗床制作：苗床表面土细、苗床表面平整	8	A	完全正确						
			B	苗床表面土细，苗床表面不平整						
			C	苗床表面土不细，苗床表面平整						
			D	苗床表面土不细苗，床表面不平整						
			E	差或未答题						
2	播种：按照行距30 cm、株距25 cm进行开穴播种，每穴播种2～3粒后盖土，连播30穴	8	A	完全正确						
			B	株行距略有误差，其他基本正确						
			C	株行距、播种略有误差，其他基本正确						
			D	操作误差较大						
			E	未答题						
3	覆膜：覆膜平整、四周压实	4	A	操作正确						
			B	覆膜平整，但四周未压实						
			C	覆膜基本平整，四周未压实						
			D	覆膜不平整，四周未压实						
			E	差或未答题						
合计配分		20	合　计　得　分							

等级	A（优）	B（良）	C（及格）	D（较差）	E（差或未答题）
比值	1.0	0.8	0.6	0.2	0

“评价要素”得分＝配分×等级比值。

三、豆类设施栽培方式——移栽（试题代码：7.3.1；考核时间：25 min）

1. 试题单

（1）操作条件

1）标准管棚1个。

2）真叶将展开的大豆苗40 m^2。

3）铁搭、锄头、铁铲、浇水桶、尺、绳子、竹竿、种植刀、黑地膜。

（2）操作内容

1）整地、作畦。

2）覆膜。

3）移栽。

4）封土、浇水。

（3）操作要求

1）畦面平整、表面土粒较细。

2）覆膜平整、四周压实。

3）按照行距30 cm、株距25 cm进行开穴或打洞，将菜用大豆苗栽于穴中，连续移栽20株。

4）定植穴（孔）用细土填实并封严、浇足活棵水。

2. 评分表

试题代码及名称		7.3.1　豆类设施栽培方式——移栽			考核时间		25 min			
评价要素		配分	等级	评分细则	评定等级					得分
					A	B	C	D	E	
1	整地、作畦：畦面平整、表面土粒较细	6	A	符合操作要求						
			B	畦面较平整，表面土粒较大						
			C	畦面较不平整，表面土粒较大						
			D	畦面凹凸不平						
			E	差或未答题						

续表

试题代码及名称		7.3.1 豆类设施栽培方式——移栽			考核时间	25 min				
评价要素		配分	等级	评分细则	评定等级					得分
					A	B	C	D	E	
2	覆膜：覆膜平整、四周压实	6	A	操作正确						
			B	覆膜平整，但四周未压实						
			C	覆膜基本平整，四周未压实						
			D	覆膜不平整，四周未压实						
			E	差或未答题						
3	移栽：按照行距 30 cm、株距 25 cm 进行开穴或打洞，将莱用大豆苗栽于穴中，连续移栽 20 株	5	A	完全正确						
			B	株行距有误差，定植孔较浅或较深，其他基本正确						
			C	株行距有误差，定植孔太浅或太深，其他基本正确						
			D	操作误差较大						
			E	未答题						
4	封土、浇水：定植穴（孔）用细土填实并封严、浇足活棵水	3	A	操作正确						
			B	定植穴（孔）用细土填实并封严，活棵水未浇足						
			C	定植穴（孔）细土填不实，活棵水未浇足						
			D	—						
			E	差或未答题						
合计配分		20	合 计 得 分							

等级	A（优）	B（良）	C（及格）	D（较差）	E（差或未答题）
比值	1.0	0.8	0.6	0.2	0

“评价要素”得分＝配分×等级比值。

四、害虫的识别与防治——豆荚螟（试题代码：7.3.2；考核时间：25 min）

1. 试题单

（1）操作条件

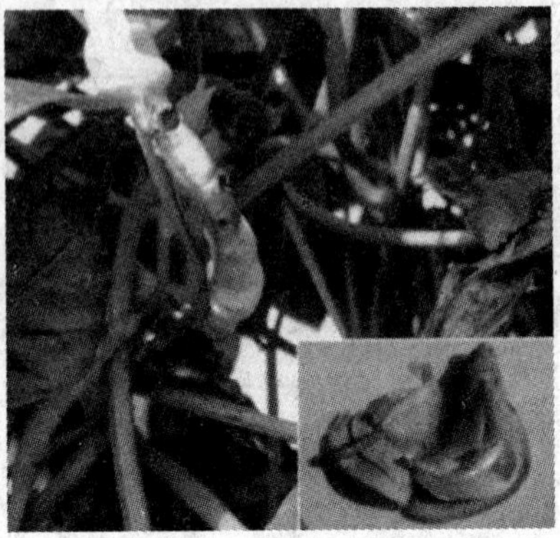

1）豆荚螟害虫和危害状照片。

2）害虫杀虫剂 3～4 种。

（2）操作内容

1）害虫的识别。

2）症状描述。

3）农药选择。

4）农药的稀释倍数。

（3）操作要求

1）正确分辨菜豆害虫——豆荚螟。

2）全面、准确描述危害状。

3）正确选择农药 2 种。

4）正确回答稀释倍数。

2. 评分表

试题代码及名称		7.3.2 害虫的识别与防治——豆荚螟			考核时间		25 min			
评价要素		配分	等级	评分细则	评定等级					得分
					A	B	C	D	E	
1	害虫识别正确	5	A	完全正确						
			B	稍有错误						
			C	—						
			D	有较大错误						
			E	未答题						
2	危害状描述全面正确	6	A	完全正确						
			B	有 80%的描述正确						
			C	有 60%～80%的描述正确						
			D	有 60%以下的描述正确						
			E	差或未答题						
3	正确选择广谱性、单一性的农药 2 种	5	A	全部正确						
			B	1 种正确						
			C	—						

续表

试题代码及名称		7.3.2　害虫的识别与防治——豆荚螟			考核时间		25 min			
评价要素		配分	等级	评分细则	评定等级					得分
					A	B	C	D	E	
3	正确选择广谱性、单一性的农药 2 种		D	—						
			E	差或未答题						
4	正确回答 2 种药剂的稀释倍数	4	A	全部正确						
			B	1 种正确						
			C	—						
			D	—						
			E	差或未答题						
合计配分		20	合计得分							

等级	A（优）	B（良）	C（及格）	D（较差）	E（差或未答题）
比值	1.0	0.8	0.6	0.2	0

“评价要素”得分＝配分×等级比值。

五、豆类种子质量检测（试题代码：7.4.1；考核时间：25 min）

1. 试题单

（1）操作条件

1）筛匾、水分测定仪、塑料桶。

2）标签、书写笔。

（2）操作内容

1）测定含水量。

2）根据外观质量去劣去杂。

（3）操作要求

1）测定数字准确。

2）根据外观质量测定正确。

2. 评分表

试题代码及名称		7.4.1　豆类种子质量检测							考核时间	25 min
评价要素		配分	等级	评分细则	评定等级					得分
					A	B	C	D	E	
1	含水量测定：6%～8%	10	A	完全达标						
			B	含水量 8%～9%						
			C	含水量 5%～6%						
			D	其他						
			E	未答题						
2	外观质量测定：无小粒、瘪粒、碎粒等次生种子，纯度净度测定	10	A	100%～98%						
			B	90%～98%						
			C	90%～85%						
			D	85%以下						
			E	未答题						
合计配分		20		合计得分						

等级	A（优）	B（良）	C（及格）	D（较差）	E（差或未答题）
比值	1.0	0.8	0.6	0.2	0

“评价要素”得分＝配分×等级比值。

第3部分

操作技能考核模拟试卷

注 意 事 项

1. 考生根据操作技能考核通知单中所列的试题做好考核准备。

2. 请考生仔细阅读试题单中具体考核内容和要求，并按要求完成操作或进行笔答或口答，若有笔答请考生在答题卷上完成。

3. 操作技能考核时要遵守考场纪律，服从考场管理人员指挥，以保证考核安全顺利进行。

注：操作技能鉴定试题评分表及答案是考评员对考生考核过程及考核结果的评分记录表，也是评分依据。

国家职业资格鉴定

蔬菜园艺工（五级）操作技能考核通知单

姓名：

准考证号：

考核日期：

试题 1

试题代码：1.2.1。

试题名称：电加温布线——催芽。

考核时间：25 min。

配分：40 分。

试题 2

试题代码：2.3.1。

试题名称：立架式栽培的植株整理——整枝、打侧枝。

考核时间：25 min。

配分：20 分。

试题 3

试题代码：3.2.1。

试题名称：培（营）养土配制。

考核时间：25 min。

配分：20 分。

试题 4

试题代码：4.2.1。

试题名称：甘蓝播种和苗期管理。

考核时间：25 min。

配分：20 分。

蔬菜园艺工（五级）操作技能鉴定

试　题　单

试题代码：1.2.1。

试题名称：电加温布线——催芽。

考核时间：25 min。

1. 操作条件

（1）6 m×30 m 标准管棚 1 个。

（2）铁搭、铁铲、竹竿、尺、电工工具等。

（3）1 000 W 电加温线（120 m）。

2. 操作内容

（1）电加温线布线。

（2）按照催芽用 120 W/m^2 计算出电加温线布线间距。

（3）制作催芽用宽度 1 m、长度 2.5 m 布电加温线苗床。

3. 操作要求

（1）苗床要整平，电加温线间距应中间略稀、边上稍密。

（2）线要拉紧实，做到不重叠、不交叉、不打结。

（3）在电加温线上均匀撒上细泥进行固定。

蔬菜园艺工（五级）操作技能鉴定

试题评分表及答案

考生姓名：　　　　　　准考证号：

<table>
<tr><td colspan="2">试题代码及名称</td><td colspan="3">1.2.1　电加温布线——催芽</td><td colspan="3">考核时间</td><td colspan="3">25 min</td></tr>
<tr><td colspan="2" rowspan="2">评价要素</td><td rowspan="2">配分</td><td rowspan="2">等级</td><td rowspan="2">评分细则</td><td colspan="5">评定等级</td><td rowspan="2">得分</td></tr>
<tr><td>A</td><td>B</td><td>C</td><td>D</td><td>E</td></tr>
<tr><td rowspan="5">1</td><td rowspan="5">苗床整理：苗床表面土细，土面平整并压实</td><td rowspan="5">15</td><td>A</td><td>全部正确</td><td rowspan="5"></td><td rowspan="5"></td><td rowspan="5"></td><td rowspan="5"></td><td rowspan="5"></td><td rowspan="5"></td></tr>
<tr><td>B</td><td>土面较平整、表面土块较细，有压实</td></tr>
<tr><td>C</td><td>土面基本平整，无压实</td></tr>
<tr><td>D</td><td>土面不平整、表面土块不均、无压实</td></tr>
<tr><td>E</td><td>差或未答题</td></tr>
<tr><td rowspan="5">2</td><td rowspan="5">布线：功率计算正确，布线时中间稍稀、边上稍密；布线拉紧实，做到不重叠、不交叉和不打结；撒细土固定</td><td rowspan="5">20</td><td>A</td><td>全部正确</td><td rowspan="5"></td><td rowspan="5"></td><td rowspan="5"></td><td rowspan="5"></td><td rowspan="5"></td><td rowspan="5"></td></tr>
<tr><td>B</td><td>较正确，间距相等</td></tr>
<tr><td>C</td><td>基本正确，线未完全拉紧，间距完全相等，未撒土固定</td></tr>
<tr><td>D</td><td>有重叠、交叉、打结现象</td></tr>
<tr><td>E</td><td>差或未答题</td></tr>
<tr><td rowspan="5">3</td><td rowspan="5">文明操作与安全：收线正确，场地整洁，工具整理归位</td><td rowspan="5">5</td><td>A</td><td>收线正确，场地整洁，工具整理到位</td><td rowspan="5"></td><td rowspan="5"></td><td rowspan="5"></td><td rowspan="5"></td><td rowspan="5"></td><td rowspan="5"></td></tr>
<tr><td>B</td><td>收线正确，场地较整洁，工具整理到位</td></tr>
<tr><td>C</td><td>收线较正确，场地基本整洁，工具整理未到位</td></tr>
<tr><td>D</td><td>收线不正确，场地较脏乱，工具未整理</td></tr>
<tr><td>E</td><td>差或未答题</td></tr>
<tr><td colspan="2">合计配分</td><td>40</td><td colspan="7">合　计　得　分</td><td></td></tr>
</table>

考评员（签名）：

等级	A（优）	B（良）	C（及格）	D（较差）	E（差或未答题）
比值	1.0	0.8	0.6	0.2	0

“评价要素”得分＝配分×等级比值。

蔬菜园艺工（五级）操作技能鉴定

试　题　单

试题代码：2.3.1。

试题名称：立架式栽培的植株整理——整枝、打侧枝。

考核时间：25 min。

1. 操作条件

（1）标准管棚。

（2）做生长架的铁丝、剪刀、麻绳。

（3）生长期的黄瓜植株 200 株。

2. 操作内容

（1）制作黄瓜吊蔓式的生长支架。

（2）在生长架上系上绳子并垂直向下，下端在黄瓜根茎部系扣。

（3）把植株沿着绳子顺时针向上绕蔓。

（4）连续整理植株 10 株。

（5）摘除黄瓜侧枝。

3. 操作要求

（1）连生长架一端的绳子系紧，不能脱落。

（2）及时绕蔓。

（3）注意不能折断新梢和叶片。

（4）每一侧枝都应摘除。

蔬菜园艺工（五级）操作技能鉴定

试题评分表及答案

考生姓名：　　　　　　准考证号：

试题代码及名称		2.3.1　立架式栽培的植株整理——整枝、打侧枝		考核时间	25 min				
评价要素		配分	等级	评分细则	评定等级				得分
					A	B	C	D	E	
1	生长架、吊绳的制作：铁丝拉至水平，中间要添加吊拉铁丝，吊绳在植株基部系活扣并拉紧	8	A	完全符合要求						
			B	铁丝拉至水平，中间吊拉铁丝少，结系法正确						
			C	铁丝拉至水平，无添加物，结系法正确						
			D	基本不符合要求						
			E	未答题						
2	绕蔓引蔓、绑蔓：顺时针向上绕蔓，每3～4片叶绑蔓一次	6	A	完全正确						
			B	绑蔓稀或密，其他正确						
			C	绑蔓稀或密，其他操作基本到位						
			D	—						
			E	未答题						
3	整枝：去侧枝，每侧枝都要去掉	6	A	完全正确						
			B	正确率 80%以上						
			C	正确率 60%～80%						
			D	正确率 20%～60%						
			E	差或未答题						
合计配分		20	合　计　得　分							

考评员（签名）：

等级	A（优）	B（良）	C（及格）	D（较差）	E（差或未答题）
比值	1.0	0.8	0.6	0.2	0

“评价要素”得分＝配分×等级比值。

蔬菜园艺工（五级）操作技能鉴定

试　题　单

试题代码：3.2.1。

试题名称：培（营）养土配制。

考核时间：25 min。

1. 操作条件

(1) 100 m^2 的操作场地。

(2) 商品有机肥、田园土（草炭土）、疏松剂蛭石（珍珠岩）。

(3) 营养钵、铁铲。

2. 操作内容

(1) 把田园土、有机肥弄细。

(2) 土、有机肥、疏松物按 6∶3∶1 的比例拌匀配制营养土。

(3) 混合均匀并装钵 20 个，要求装八分满。

(4) 营养钵放置平整，要求营养钵搭花放置。

3. 操作要求

(1) 筛细土，营养土要拌匀。

(2) 比例正确。

(3) 营养钵内的营养土装八分满。

(4) 营养钵放置平整，营养钵放置应搭花。

蔬菜园艺工（五级）操作技能鉴定

试题评分表及答案

考生姓名：　　　　　　　　准考证号：

试题代码及名称		3.2.1　培（营）养土配制			考核时间		25 min			
评价要素		配分	等级	评分细则	评定等级					得分
					A	B	C	D	E	
1	配制材料筛细：田园土、有机肥弄细，无块状物	6	A	全部正确						
			B	有少量块状物						
			C	基本符合要求						
			D	失误较多						
			E	未答题						
2	配制比例：按要求比例配制（6∶3∶1）	4	A	正确						
			B	错误一项						
			C	错误二项						
			D	错误三项						
			E	未答题						
3	混合、装钵：营养土拌匀，装钵	6	A	完全正确						
			B	营养土拌匀，钵内营养土量稍多或稍少						
			C	营养土拌不匀，钵内营养土量正确						
			D	营养土拌不匀，钵内营养土量稍多或稍少						
			E	差或未答题						
4	营养钵放置正确	4	A	放置平整、搭花放置						
			B	放置不平整、搭花放置						
			C	放置平整、不搭花放置						
			D	放置不平整、不搭花放置						
			E	差或未答题						
合计配分		20	合　计　得　分							

考评员（签名）：

等级	A（优）	B（良）	C（及格）	D（较差）	E（差或未答题）
比值	1.0	0.8	0.6	0.2	0

“评价要素”得分＝配分×等级比值。

蔬菜园艺工（五级）操作技能鉴定

试　题　单

试题代码：4.2.1。

试题名称：甘蓝播种和苗期管理。

考核时间：25 min。

1. 操作条件

（1）秋冬作甘蓝品种种子。

（2）标准管棚1个。

（3）铁搭、锄头、铁铲、浇水桶、塑料盆、环棚竹、遮阳网、尺、绳子、竹竿。

2. 操作内容

（1）制作苗床带沟1.5 m×5 m（宽×长）并浇透水 。

（2）种子撒播。

（3）搭小环棚并覆盖遮阳网。

（4）苗期病虫害防治。

3. 操作要求

（1）种子撒播密度准确。

（2）竹竿长、宽、高度要一致，遮阳网覆盖基本到位。

（3）防治小菜蛾、蚜虫药剂选择正确。

蔬菜园艺工（五级）操作技能鉴定

试题评分表及答案

考生姓名：　　　　　　　　准考证号：

试题代码及名称		4.2.1　甘蓝播种和苗期管理			考核时间		25 min			
评价要素		配分	等级	评分细则	评定等级					得分
					A	B	C	D	E	
1	苗床制作：地平整，表面土细	7	A	完全正确						
			B	苗床较平整，表面土粒较粗						
			C	苗床基本平整，表面土粒粗						
			D	苗床基本不平整，表面土粒粗						
			E	差或未答题						
2	种子撒播：撒播密度均匀，覆土正确	7	A	完全正确						
			B	播种密度较均匀，覆土较正确						
			C	播种密度不太均匀，覆土基本正确						
			D	播种密度不太均匀，覆土不正确						
			E	差或未答题						
3	搭小环棚：小环棚竹竿间距适中，覆盖遮阳网	6	A	完全正确						
			B	操作基本到位						
			C	竹竿长、宽、高一致，遮阳网覆盖基本到位						
			D	竹竿长、宽、高一致，遮阳网覆盖不到位						
			E	差或未答题						
合计配分		20		合　计　得　分						

考评员（签名）：

等级	A（优）	B（良）	C（及格）	D（较差）	E（差或未答题）
比值	1.0	0.8	0.6	0.2	0

“评价要素”得分＝配分×等级比值。